如何看中国

“如何看中国”丛书

绿色发展改变中国

如何看中国生态文明建设

王毅　苏利阳　等 著

出版前言

习近平总书记说过:“当今世界是开放的世界,当今中国是开放的中国。中国和世界的关系正在发生历史性变化,中国需要更好了解世界,世界需要更好了解中国。”

当今中国，日益走近世界舞台的中央。国际局势动荡变化，各方力量此消彼长，世界同时也将目光投向中国：中国从哪里来？向何处去？中国能为世界做些什么？种种问题，大多从不同的视角集中为这样一个话题：如何看中国？这是一个很大的课题，回答起来，并不容易。

一个大国的成长，其间必然伴随种种曲折和坎坷。我们时常看到一些外国朋友对中国怀有成见，听到一些歪曲中国的声音。凡此种种，大多源于不了解。而澄清这些误解的过程，也是在回答“如何看中国”的过程。

现在，我们推出这套“如何看中国”丛书，这也是对关注中国的外国朋友的一种回应。这套书中，有的是回顾中国共产党的历史，有的是阐释中国共产党的治国之道，有的是讲述中国改革开放的光辉历程，有的是反映反腐败斗争的成果，还有全球治理下的中国担当、“一带一路”、精准脱贫、生态文明建设等关于中国发展的方方面面的内容。应该说，这些话题都是外国朋友比较关注的。当这些话题汇集起来，回答“如何看中国”便有了一些视角。

如果我们站在历史长河中看中国——

中华民族有着五千年的悠久历史和灿烂文化，东方智慧和信仰延绵至今。孔孟儒学、道家老子，先哲的思想一直启迪着后世。相融共生、“和合之美”，是人类命运共同体的理念基石。“和羹之美，在于合异”，解释了“一带一路”倡议“各美其美、美人之美，美美与共”的初衷。中国一直秉承着先祖朴素的治国安邦理念，在中国共产党的领导下，走出了一条独特的大国治理之道。

如果我们以发展的眼光看中国——

中国一直在成长，在成长过程中难免会遭遇各种阻力；中国也走过一些弯路，在前进过程中也遇到了各种艰险。40 多年前，中国开始改革开放，如今，从站起来、富起来到强起来的中国，正以深化改革、将改革进行到底的决心求发展。中国成功解决了 7 亿多人口的贫困问题，并且，始终追求可持续发展，像珍爱眼睛一样珍视环境，将“绿水青山”留成后世的“金山银山”。

如果我们站在全球范围内看中国——

中国从来不是孤立的存在，中国人民的梦想同世界各国人民的梦想息息相通。中国致力于推动构建人类命运共同体，始终不渝走和平发展道路，做世界和平的建设者、全球发展的贡献者、国际秩序的维护者，积极参与全球治理，承担世界上人口最多的发展中国家在世界发展进程中的使命与责任。

如果我们以积极的态度看中国——

世界上有很多关于中国和中国共产党的不同声音，甚至时常有“中国威胁论”的言论发出。中国与其他任何国家一样，并不是完美的，但在中国共产党的领导下，中国一直在坚定不移地走着中国特色社会主义的发展道路，积极自信地向着建设富强民主文明和谐美丽的社会主义现代化强国而努力。并且，爱好和平的中国，愿与世界一同分享中国的发展成果。

2019年是新中国成立70周年。从新中国成立的那一天起，中国就已经迈出了世界上最大的发展中国家独立自主搞建设的第一步。70年风风雨雨，中国从举步维艰走向了繁荣富强。英语中有一句流传很广的谚语：“事实胜于雄辩”，这也可以说是“如何看中国”的一个恰当注脚。

希望这套书可以成为一扇看中国的窗口，让更多的朋友了解中国。

目 录

序 言

中国改革开放以来，经济快速增长，经济总量在2008年超过德国，居世界第三位；2010年超过日本，经济总量跃居世界第二位；2015年，中国人均国民收入已接近8000美元。中国还建立了门类齐全、具有较高国际竞争力的现代工业体系，成为世界加工制造基地，制造业产值跃居世界第一位。载人航天、大型计算机、高速铁路、装备制造、通信设备等领域的科技创新能力已达到世界领先水平，正向创新型国家大步迈进。

“绿色发展”从广义上说涵盖节约、低碳、循环、生态环保、人与自然和谐的文化和制度规范等；从狭义上说，“绿色”侧重表示生态环保的内涵，主要是治理环境污染，保护修复生态，增强生态产品生产能力，使人们在天蓝、地绿、水净的环境中生产生活。

中共十八大以来中国加强了生态文明建设，树立并贯彻创新、协调、绿色、开放、共享发展理念。中国人民的生活水平发生了巨大的变化，其中也包括了人居环境、空气质量的改善。如今，天更蓝、地更绿、水更净了，中国企业在生产过程中更注重减少污染排放，人们的生活方式也更为绿色。这一切的变化，主要是以 2012 年中共十八大提出生态文明建设为历史节点。

作为全球第一个将生态文明建设视为执政理念的政党，中国共产党以举国之力来推动立足国情并符合世界潮流的绿色发展道路，从而给中国的生产和生活方式、空间布局和生态保护带来巨大的变化。

本书以“绿色发展改变中国：如何看中国生态文明建设”为主题，分三个部分展开论述。第一部分是中国实施和推动生态文明建设的原因。当前中国正在奔向社会主义现代化国家的道路上，“生态好、环境优”是实现现代化的重要标志和不可或缺的部分。第二部分主要论述中国生态文明建设的成就，分别从蓝天保卫战、国家公园体制改革、绿色产业发展、积极应对气候变化、绿色“一带一路”

等几个方面，来系统介绍中国坚持不懈的努力和来之不易的成就。最后一部分是结合中国政府发布的2035年和2050年发展愿景，展望中国绿色发展和生态文明建设的美好前景。

本书在编撰过程中兼具了专业性和通俗性。一方面注重逻辑上的完整性和严谨性，力求相对系统地阐述中国的生态文明建设进程、成就与前景。另一方面用数据说话，收集了很多案例，以客观的事实，清晰地展示中国的绿色发展和生态文明建设带给中国和世界的变化。

中国的绿色发展之路正是人类社会与自然界和谐共处、良性互动、持续发展之路，中国通过传承东方哲学智慧，大力推进生态文明建设，践行绿色发展之路，是对全球实现绿色转型和可持续发展的巨大贡献和有效引领。

环境与发展通常被视为鱼和熊掌不可兼得的典型。中国共产党作为执政党，正在带领中国人民建设社会主义现代化国家。她为什么要将生态文明建设作为执政理念，孜孜以求地探索一条有着中国特色并兼具世界意义的绿色发展道路呢？

当我们以中国现代化进程中的得与失为起点，剖析中国政府一路走来对资源与生态环境保护的思考和探索，我们的发现是：长远眼光、创新精神，以及全球视角，是构成中国在现代化浪潮中推进生态文明建设的基本原因。

第一章

中国现代化浪潮中的生态文明建设

得与失：成就与代价

走在20世纪70年代初中国的大街上，随处可见路上行人穿着颜色、款式十分单调的老式衣装。“新三年旧三年、缝缝补补又三年”“老大穿完老二穿、老二穿完老三穿”，这些俗语是中国改革开放前的着装习惯的真实写照。在当时，孩子们基本都是要等到过年，才能穿上一件新衣。在饮食方面也显得异常窘迫，中国人平均需要将60%的收入花在吃喝上。与之相比，80年代美国人的恩格尔系数[1]为

1 恩格尔系数(Engel's Coefficient)：是食品支出总额占个人消费支出总额的比重。一个国家越穷，每个国民的平均收入中（或平均支出中）用于购买食物的支出所占比例就越大，随着国家的富裕，这个比例呈下降趋势。

20% 左右。然而，谁也没有想到短短 40 年的时间，中国就发生了翻天覆地的变化，生活窘迫、为温饱担忧的日子不再是普遍现象。宏观数据显示，2018 年中国 GDP 总量超过 90 万亿元，位居全球第二，仅次于美国；人均 GDP 超过 9000 美元，处在中等偏上收入国家水平；到 2017 年年底，贫困人口一共减少了 7.4 亿，相当于目前整个欧洲国家的人口总和。

然而，衣服穿着多样、买得起车、住得起高楼大厦的代价是海量的石油、煤炭、钢铁、水泥等资源的消耗，以及严重的环境污染。事实上，尽管现在西方发达国家生态优美、环境良好，但历史上也曾经广泛出现过各种资源环境问题，其中又以著名的“八大环境公害事件”为代表，造成了十分严重的社会经济后果。这是一种普遍的客观规律。但中国的特殊性和问题的严重性在于，发达国家的资源与环境问题是 200 多年发展过程中陆续产生和分阶段解决，而中国是在短短 40 年的工业化进程中发生的。因此，中国追求现代化过程中产生的资源环境问题可能更加突出和尖锐。

应该说，中国政府较早意识到环境问题的潜在危险。在日本发生了一系列环境公害事件后，周恩来总理在上世纪 60 年代就敏锐意识到中国的环境问题。1978 年 12 月改

八大环境公害事件

在20世纪30年代至60年代，发生了八起震惊世界的环境公害事件：

（1）比利时马斯河谷烟雾事件（1930年12月），一些炼焦、炼钢、硫酸等企业排放大量烟气且碰上天气变化，形成一层厚厚烟雾覆盖在整个马斯河谷工业区的上空，工厂排出的有害气体在近地层积累，无法扩散，致60余人死亡，数千人患病；

（2）美国多诺拉镇烟雾事件（1948年10月），污染物在近地层积累，5910人患病，17人死亡；

（3）伦敦烟雾事件（1952年12月），大量工厂生产和居民燃煤取暖排出的废气在近地层积累，5天致4000多人死亡，事故后的两个月内又有8000多人因此死亡；

（4）美国洛杉矶光化学烟雾事件（二战以后的每年5–10月），烟雾致人五官发病、头疼、胸闷，汽车、飞机安全运行受到威胁，交通事故增加；

（5）日本富山骨痛病事件（1931–1972年间断发生），富山县锌、铅冶炼厂等排放的含镉废水污染了神通川水体，两岸居民利用河水灌溉农田，使稻米和饮用水含镉，致34人死亡，280余人患病；

（6）日本水俣病事件（1952–1972年间断发生），熊本县水俣市含甲基汞的工业废水污染水体，使鱼中毒，人食用鱼后发病。共计死亡50余人，283人致残；

（7）日本四日市气喘病事件(1961–1970年间断发生)，四日市油冶炼和工业燃油产生的废气，严重污染城市空气，2000余人受害，死亡和不堪病痛而自杀者达数十人；

（8）日本米糠油事件（1968年3–8月），日本九州大牟田市一家粮食加工食用油工厂生产米糠油过程中，由于多氯联苯生产管理不善，食用后致人中毒，致数十万只鸡死亡、5000余人患病、16人死亡。

革开放后，中国开始加速推进生态环境保护工作。在一批有志之士的驱动下，中国相继制定颁布《环境保护法》《大气污染防治法》等，组建了环境保护机构，实施了环境污染治理、天然林保护等生态环保工程。特别是在2005年之后，中国政府开始严格控制主要污染物排放总量，推进能源的节约高效使用，大力发展循环经济。这些努力取得了一定的成就，但在高速工业化和城市化的发展进程中，环境治理赶不上污染排放增长的速度，所取得的一点点成绩都被迅速的环境破坏所淹没。

以若干重大污染事件为代表，中国水、大气、土壤等环境质量持续恶化。2007年5月，因太湖水源地附近蓝藻大量堆积，厌氧分解过程中产生了大量的氨气、硫化氢等异味物质，江苏省无锡市城区的大批市民家中自来水水质突然发生变化，并伴有难闻的气味，无法正常饮用，市民不得不抢购超市内的纯净水，街头零售的桶装纯净水也出现了较大的价格波动。2009年，受附近一家铅锌冶炼公司的影响，陕西省凤翔县查出851名儿童血铅超标，进而引发恶性群体性事件。2016年12月，一次雾霾面积覆盖142万平方公里国土，覆盖7个省市，其中首都北京完全被雾霾包裹，引发数千人呼吸道感染。

类似事件并非孤立存在，这仅仅是中国近年来环境不断恶化的典型代表事件。数据显示，中国自2010年以来，大气主要污染物以细颗粒物PM2.5为主，频繁形成长时间、大范围的灰霾天气，78.4%的城市空气质量未达标。水污染的影响也早已超越局部和“点源”的范围，发展成为流域性污染问题；部分城市建成区存在大量黑臭水体。中国相当一部分城市被垃圾环带所包围，形成了触目惊心的“垃圾围城”，焚烧、填埋等常规手段已无法解决日益增长的垃圾量。

原本脆弱的自然生态系统也日益遭受冲击。中国中部重城武汉曾被美国《国家地理》杂志评为全球内陆湿地资源最丰富的三座城市之一。新中国成立之初，武汉拥有127个湖泊，但随着城市发展和扩张，这些湖泊被不断地占用，用于建造高楼大厦、开发区、公路，目前仅存30多个，以前的湖面而今被“压”在一栋栋高楼大厦之下。湖泊湿地被严重破坏，导致调蓄防洪、涵养水源、调节气候、维持生物多样性等方面的生态功能严重下降，致使当地旱灾频发，同时造成很多水鸟难寻栖息地和食物。

在中国城镇化发展浪潮中，这种生态破坏的事情随处可见。从全国层面看，近年来中国湿地面积每年减少约510万亩，900多种脊椎动物、3700多种高等植物生存受到威胁，遗传资源丧失和流失严重。由于陆地资源不够用，许多沿海地区大规模地推进围海造田工程，比如河北省唐山市曹妃甸曾经是不足4平方公里的带状沙岛，在数千亿资金的强劲推动下，变成了曹妃甸新区，规划面积达1943.72平方公里，相当于两个香港、三个新加坡，造成大规模的生态破坏。

除了生态破坏和环境污染外，经济发展还导致资源消耗长期居高不下。中国是世界上最大的资源能源消耗国家，2012年以占世界11.6%的GDP，消耗了世界45%的钢铁、21.3%的能源和60%的水泥。由于自身资源能源储备不足，中国不得不向全球市场购买各种资源和能源。如果把中国作为一个整体看待，2017年全球85%以上的铜矿产量由中国购买；全球铁矿石海运量约10亿吨，其中有三分之二以上是运往中国；24%的全球原油海运也是运往中国。这种海量的资源消耗对中国和全球可持续发展带来巨大压力。

德国思想家恩格斯曾经说："我们不要过分陶醉于我们人类对自然界的胜利。对于每一次这样的胜利，自然界都对我们进行报复。"近年来，中国因环境污染的信访、群体性事件等不断爆发，造成一定的社会动荡，公众开始质疑政府公信力。由此我们可以看到，中国发展过程中因资源环境的破坏所付出的代价，略多略少地使我们取得的经济成就有所失色。而且，这些代价很可能是不可逆转的，其中包括我们的后代们可能再也无法亲眼看到一些珍稀的动植物。

以上这些问题使中国领导人和有志之士愈加警醒改变传统发展模式的必要性，为提出绿色发展、建设生态文明奠定基础。

民众环保呼声

2012年7月28日清晨，中国江苏省启东市发生了一起大规模的群体抗议事件。事件的起因是一家名为“日本王子造纸厂”的企业在工厂运行期间，私自开设废水排污管道，这一极具污染的行为，引起广大启东市民的反对，为了保护自己的生存环境，举行了一场以“保卫家园”为口号的游行示威活动，此次的游行示威人群将近10万人。

主动求变：认知与深化

面对种种挑战，2012年中国历史上的一次重要会议——中国共产党第十八次全国代表大会隆重召开。这次会议在反思发展代价的基础上，正式提出要把生态文明建设放在突出位置，努力建成美丽中国，实现永续发展。这无疑鼓舞了关心中国生态环境保护的所有人，吹响了从“发展优先”向“保护优先”转型的号角，全世界看到了中国政府的决心和意愿。

推进生态文明建设是中国改革开放后的一次重大战略转型。然而，这一过程并非一蹴而就。正如经济发展是长期努力的结果，最开始中国对环境与发展问题也是一无所知，经历长时间的实践探索和理论创新，才逐步形成推进生态文明建设、实现绿色发展的共识。

认知初期：头痛医头、脚痛医脚

尽管现在环境污染是一个家喻户晓的事，但我们很难想象，在新中国成立后相当长一段时间内，中国对资源保护和污染问题几乎没有什么认识。由于当时存在的资本主义和社会主义之争，中国在观念上认为社会主义国家不存在环境污染，环境公害是资本主义的产物。1972 年 6 月，中国政府派出代表团参加在瑞典斯德哥尔摩举行的联合国人类会议，主要目的是向西方国家展现社会主义的优越性。但从瑞典归来后，与会代表对照中国现实，发现当时中国已经面临各种环境问题。1973 年 8 月召开第一次全国环境保护会议，审议通过中国第一个环境保护文件《关于保护和改善环境的若干规定》。至此，中国环境保护事业开始起步。

1978 年之后，中国从农村到城市的改革开放全面推进，大量接受日本、韩国、港台地区的劳动密集型产业，也包括重污染行业的转移，各地都以招商引资、办企业搞经营为重点，不少地方村村点火、户户冒烟，是当时社会经济发展的真实写照。但产业发展也带来了众多资源环境问题，驱使中国开始思考资源环境问题的挑战，但由于政府认识有限，基本上都是采取“头痛医头、脚痛医脚”的模式。

这种模式首先表现在电力短缺推动的节能工作上。当时拉闸断电是家常便饭，电力最紧张的时候，一些地方“停一半供一半”，报纸也经常像发布天气预报一样刊出计划停电通知。电力短缺让群众生活很不方便，也限制了生产力的提高，制约了工业经济的发展。为了解决这一问题，中国政府开始重视能源节约工作，1980 年起，“节能”作为一项专门工作被纳入国家宏观管理范畴，并一直延续至今。

其次表现是，耕地被大量占用，驱使政府高度重视耕地保护。当时中国各地迅速掀起“大干快上”的建设热潮，城市建设和工业园区蓬勃发展，由于开设工厂、修建道路需要占用土地，导致人地矛盾尖锐化。1985 年甚至出现了粮食产量自 1959–1961 年“大跃进”后，又一次大减产的情况。从这一情况出发，中国政府决定成立国家土地管理局，并颁布实施《土地管理法》，进而推动了现代土地监管制度的逐步形成。

第三个表现是以淮河为代表的重大污染事件，促使实施大规模环境治理。淮河位于中国腹部，流经河南、安徽、山东、江苏四省。从20世纪80年代开始，淮河的水污染事故不断发生，严重影响到沿岸人民的生产、生活用水。当地人民用一首打油诗来形容淮河水质变化的情况："五十年代淘米洗菜，六十年代浇地灌溉，七十年代水质变坏，

中国33211重大治理工程

"九五[1]"期间，中国确定了污染治理工作的重点——集中力量解决危及人民生活、危害身体健康、严重影响景观、制约经济社会发展的环境问题。重点实施对河流的治理，以及对大气主要污染物的控制，同时对主要城市污染进行控制。"33"指三河三湖，即淮河、海河、辽河，滇池、太湖、巢湖；"2"指两控区，即二氧化硫和酸雨控制区；"11"指一市——北京市、一海——渤海。

1 即第九个五年计划，1996–2000年中国国民经济和社会发展的计划。1996年3月，全国人大八届四次会议通过了《国民经济和社会发展"九五"计划和2010年远景目标纲要》。

八十年代鱼虾绝代，九十年代难刷马桶盖。”1994 年一场震惊国内外的污染事故发生，淮河上游突降暴雨，裹挟着高浓度污染团向中下游流去，沿河各自来水厂被迫停止供水达 54 天之久，数百万人饮水困难，养殖大户倾家荡产。与此同时，生态破坏问题也日益突出，北京地区沙尘暴愈演愈烈，1998 年发生黄河断流、长江特大洪水等重大事件。为了解决这些突出问题，国家决定启动“33211”重大治理工程，实施退耕还林等六大生态建设重点工程，开始通过重点工程治理环境污染与生态破坏问题。

总体而言，这一段历史时期随着经济发展、各种资源环境问题开始凸显，中国政府逐步加深了对环境与发展关系的认识，但解决问题的方式仍停留在问题回应和末端治理的层面。

认知发展：源头上的发展转型

然而，尽管经过多年的努力，经济发展的资源环境问题仍未得到有效遏制，这使中国政府开始反思以往的资源环境保护方式。在 20 世纪 90 年代中期，受国际上可持续发展理念广泛传播的影响，中国对资源环境的理念认知不再局限于末端治理和问题回应，而是清晰地意识到，发展方式转型对资源环境保护至关重要。尤其是进入 21 世纪后，煤电油运全面紧张，拉闸停电的情况又在各个地方开始重演。在此背景下，中国开始从发展方式转型角度考虑环境与发展的关系。为更好地推动发展方式转型，中国政府连续提出了新型工业化、循环经济、两型社会、低碳发展等一系列发展理念，来指导发展方式的转型。

首先是在2002年，中国共产党第十六次全国代表大会报告提出了“新型工业化”的概念，要求坚持以信息化带动工业化，以工业化促进信息化，走出一条科技含量

循环经济

循环经济是对传统生产生活方式的一种颠覆。传统工业经济的生产观念是最大限度地开发利用自然资源、最大限度地获取利润。而循环经济的生产观念是要充分考虑自然生态系统的承载能力，遵循资源利用的减量化、产品的再使用、废弃物的再循环三大原则，尽可能地节约自然资源，循环使用资源，创造良性的社会财富。

高、经济效益好、资源消耗低、环境污染少、人力资源优势得到充分发挥的新型工业化路子。中国政府提出新型工业化道路的核心目的，是希望在自身的工业化进程中，能够避免西方发达国家在工业化进程中出现的“先发展经济、后治理环境”或“先污染、后治理”“先破坏、后建设”的模式。

随后，旨在强调资源循环利用的“循环经济”概念被中国政府采用。时任中共中央总书记的胡锦涛同志在2003年中央人口资源环境工作座谈会上强调：“要加快转变经济增长方式，将循环经济的发展理念贯穿到区域经济发展、城乡建设和产品生产中，使资源得以最有效的利用。”

在前述努力的基础上，中国政府在2005年又进一步从社会形态的角度提出建立“资源节约型、环境友好型社会”，即整个社会经济建立在节约资源的基础上，形成人与自然和谐共生的社会。2005年中国共产党十六届五中[1]全会指出，中国要将建设资源节约型、环境友好型社会，作为国民经济与社会发展中长期规划的一项战略任务。作为两型（“资源节约型、环境友好型”的简称）社会的核

1　即中国共产党第十六届中央委员会第五次全体会议，于2005年10月8日至11日在北京召开。

中国节能减排行动

“节能减排”即节能降耗和主要污染物排放总量控制行动。中国提出到2010年单位GDP能耗比2005年下降20%、SO2和COD(化学需氧量)排放总量减少10%。为实现该目标，中国政府将各地节能减排目标完成情况与干部管理体系挂钩，对未完成目标的地方领导班子考核实现一票否决制，从而大大激励了地方对该项工作的重视程度。这项制度完全改变了过去地方政府对资源环境保护缺乏重视的局面。

心举措，中国在“十一五[2]”时期开始实施大规模节能减排行动。

到了2009年，国际社会围绕气候变化的讨论不断升温。中国是全球最大的发展中国家，但也是当时第二大温

2　即中华人民共和国国民经济和社会发展第十一个五年规划纲要，主要阐明国家战略意图，明确政府工作重点，引导市场主体行为，是2006–2010年中国经济社会发展的宏伟蓝图。

室气体排放国，在国际谈判中常承受巨大的压力。在当年哥本哈根气候变化大会之后，英国气候变化大臣爱德华·米利班德甚至发表文章，指责中方"劫持"哥本哈根气候变化会议谈判进程。在国内国际各方引导下，中国政府又从减缓气候变化的角度，开始倡导"低碳发展"。时任中共中央总书记的胡锦涛同志在联合国气候变化峰会上发表讲话，提出中国将进一步把应对气候变化纳入经济社会发展规划，积极发展低碳经济和循环经济，研发和推广气候友好技术。

总体来看，这一阶段中国政府提出众多发展理念，是从不同角度提出发展方式转型，以协调环境与发展的关系。环境问题与社会经济发展驱动了理念的创新，理念的发展又为开展资源环境保护实践工作提供了指引。

认知深化：新文明时代

从发展方式转型的角度看待资源环境问题，已经体现出中国政府对处理人与自然关系的一种系统思考，然而，由于种种原因，"发展方式转型"在实践中并没有有效地落地实施。中国政府仍在孜孜以求地寻求更好的解决方案。2012年，中国共产党第十八次全国代表大会明确提出要把生态文明建设融入经济建设、政治建设、社会建设、文化建设全过程。生态文明建设是从更高层次上应对资源环境问题和推动发展转型。

回顾全人类的发展历程，几千年的历史，人类大约经历原始文明、农业文明和工业文明等三大文明形态。原始文明时代，人类敬畏自然，依靠渔猎来生存；农业文明时代，人类顺从自然，实行农耕经济；工业文明时代，人类征服自然，通过社会化大生产，自然受到前所未有的干扰。应当看到，从现在开始到2050年或者更久，全球有20来亿人要奔向现代化。然而，200多年的工业文明进程，全球仅有10亿人实现现代化，代价是空前的资源消耗，严重削弱了自然生态系统自调节、自平衡的功能。未来地球会怎么样？这是全人类必须深思的议题。

中国是全球人口最多的发展中国家。美国前总统奥巴马曾经宣称，如果10多亿中国人口也采用与美国相同的生活方式，那么地球的资源环境将难以承受。这反映了西方国家对发展中国家奔向现代化的诸多担忧，并涌现出各种“威胁论”。但追求美好生活是各个国家人民的基本权利，没有任何理由来限制包含中国人民在内的第三世界国家对美好生活的追求。

因此，未来全人类将迎来新的文明形态，其中环境保护、生态优先、绿色低碳发展将构成新文明的重要特征之一。中国推进生态文明建设、探索绿色发展道路，既是负责任国家的一种体现，也对世界上其他发展中国家有着重要借鉴价值，具有世界意义。

各种“中国威胁论”

在中国改革发展进程中，由于巨大的人口规模，在国际舆论中曾涌现出多种“中国威胁论”。最早是“粮食威胁论”。1994 年，美国世界观察研究所所长莱斯特·布朗发表《谁来养活中国人》一文，预言到 2030 年中国人口将达到 16 亿，粮食将出现 2.16-3.78 亿吨的缺口，世界上没有谁能养活中国。布朗的观点表达了西方一些学者对中国未来粮食的悲观预期。其次是“环境威胁论”。20 世纪 90 年代中期，时任美国总统的克林顿会见中国国家主席江泽民时曾表示“美国认为中国对美国最大的威胁不是在军事上，而是在环境问题上”。此外，还有各种资源威胁论的说法。

在路上：
生态文明建设在中国

内蒙古大兴安岭原始林区是中国仅存的四大原始林区之一，从长白山脉以西绵延至大兴安岭以东，总面积达数千平方公里，这里曾经是十万多伐木工人的“练兵场”，而就在2015年，重点国有林区全面停伐，鼎沸斧声戛然而止，原始林区重现寂静的四季，这是中国生态文明建设大刀阔斧的重要举措，标志着过度砍伐森林历史的结束。实际上，近年来为适应生态文明建设的需要，中国政府做出了一系列重大战略转型，全社会为缓解资源环境压力，付出了巨大的努力，推动生态文明建设不断前行。

“绿水青山就是金山银山”

位于福建省武夷山市的桐木村，曾经是远近闻名的贫困村，近年来，当地政府借力生态景区区位优势，打造出高海拔原生态茶叶品牌，随着茶山产值的不断提高，桐木村也成为武夷山致富之村的翘楚。

近年来，中国这样的“奇迹”还有很多，在中国河北省承德市，有一群被联合国环境规划署授予“地球卫士奖”的林场建设者，他们使塞罕坝从“黄沙遮天日，飞鸟无栖树”的状态回归“美丽高岭”的容颜，不仅将绿色还给中国、贡献世界，同时，也创造了巨大的经济效益，2016年北京环境交易所，塞罕坝以475吨碳汇成交，获益超过一个亿，成为中国实践“绿水青山就是金山银山”理念的典型代表。

从宏观层面看，中国政府调整了以增速为主的发展目标，开始强调经济发展的质量，在绿色发展转型方面取得诸多成效。绿色产业不断发展壮大，节能环保产业总产值从2012年的约3万亿元增加到2015年的4.5万亿元，年均增长15%。绿色产品消费规模不断扩大。据保守估算，2017年高效节能空调、电冰箱、洗衣机、平板电视、热水器等5类产品国内销售近1.5亿台，销售额近5000亿元。中国自2015年起就成为世界上最大的新能源汽车产销国，

国家生态文明试验区

作为首批国家生态文明试验区之一，福建省组织实施了38项改革，形成生态环境“高颜值”和经济发展“高素质”协同并进的良好发展态势，交出了一份漂亮的改革答卷：2017年全省主要河流水质优良比例达95.8%，9个设区城市空气质量优良天数比例达96.2%，森林覆盖率65.95%，连续39年位居全国首位。在传统产业的“绿色”改造与新兴绿色产业的双重带动下，全省生产总值增速达8.1%，人均地区生产总值8.3万元，居全国第6位。

在众多改革任务中，值得一提的是林业金融创新，福建解决了“林要绿，民要富”的矛盾。推广实施福林贷、林权按揭贷款等系列业务模式，截至2018年一季度，全省涉林贷款余额251亿元。龙岩武平人钟亮生，将自家林地林木向银行抵押，贷款用于发展现代养蜂业。如今，由他领衔的梁野仙蜜养蜂专业合作社，共吸纳200多户蜂农，养殖规模超过1万箱，年产值过千万元，百余名残疾村民因此实现脱贫。

目前全球一半的新能源汽车销量在中国。

“人努力、天帮忙”，向污染全面宣战

如今，蓝天白云不再是奢侈品。中国自 2014 年起宣称要“像对贫困宣战一样，对污染宣战”。在过去 5 年里，中国环境污染已得到有效遏制，大气、水环境质量有所

世界眼中的中国

美国芝加哥大学能源政策研究所的报告指出，2013 年至 2017 年短短 4 年间，中国治理空气污染取得的进步“不管从哪种标准说都相当卓越”，而美国完成同样的任务用了数十年。2018 年 3 月，联合国环境署于 9 日发布《北京二十年大气污染治理历程与展望》评估报告，其中提到，1998 年至 2017 年这 20 年间，北京分阶段持续实施有力的大气污染综合治理措施，使得空气质量明显改善，为全球其他城市，尤其是发展中国家城市提供了值得借鉴的经验。

好转。2017 年，中国地级及以上城市 PM10 平均浓度比 2013 年下降 22.7%；首都北京的 PM2.5 平均浓度从每立方米 89.5 微克降至 58 微克。

2017 年入冬后，人们惊喜地发现，曾经稀缺的“蓝天白云”如今已成常态，尤其令居住在北方的人们无比感慨。过去，市民每次看到蓝天白云，都会驻足而立，忍不住拍下照片在社交平台上分享。现在，大家也不用去羡慕朋友圈里的蓝天，因为好天气就在身边。蓝天，已经不是什么稀罕事儿了。

让“山更绿”，为子孙后代留下美好家园

中国政府充分意识到生态环境保护是功在当代、利在千秋的事业，生态环境不能在自己这代人手里变得越来越坏。如今，山更绿了，2017 年中国森林覆盖率达到 21.66%，是同期全球森林资源增长最多的国家。2019 年 2 月，美国航天局在社交媒体发文：“世界比 20 年前更绿了！”美国航天局卫星数据显示，中国的植被增加量，占到过去 17 年里全球植被总增量的 25% 以上，位居全球首位。

数说生态保护成绩

2013—2017年期间，中国累计治理沙化土地1.5亿亩，完成造林5.08亿亩，森林覆盖率达到21.66%，森林蓄积量151.37亿立方米，成为同期全球森林资源增长最多的国家。受保护的湿地面积增加525.94万公顷，自然湿地保护率提高到46.8%。沙化土地治理10万平方公里、水土流失治理26.6万平方公里。超过90%的陆地自然生态系统类型、89%的国家重点保护野生动植物种类以及大多数重要自然遗迹在自然保护区内得到保护，大熊猫、东北虎、朱鹮、藏羚羊、扬子鳄等部分珍稀濒危物种野外种群数量稳中有升。

“四梁八柱”初步建成

被誉为“中华水塔”的三江源是长江、黄河和澜沧江的发源地，占地面积约39.5平方公里，其提供给下游的水资源总量每年高达600亿立方米，战略地位可见一斑。为解决三江源保护工作中因体制原因造成的条块分割等问题，中央深化改革领导小组于2015年审议通过《中国三江源国家公园体制试点方案》，这一方案的提出和落实，成为继划定并严守生态保护红线、控制污染物排放许可制、禁止洋垃圾入境、生态环境监测网络建设、构建绿色金融体系、河长制/湖长制等数十项改革方案后，中国在探索自然资源管理体制改革道路上新的里程碑。以此为基础，中国生态文明制度体系的“四梁八柱”初步建成。

保护生态环境不仅要依靠制度，更需要健全的法制以提供可靠保障。中共十八大以来，中国制定修订了《大气污染防治法》《野生动物保护法》《环境影响评价法》《环境保护税法》等多部相关法律。2015年1月1日，号称“史上最严”的新《环保法》开始实施。在不断完善的法律制度约束下，中国环境违法行为得到有效制约，截至2018年5月，中国共查处行政处罚案件23.3万件，罚没款数额115.7亿元，较之2014年增长265%，足见新《环保法》的威慑力。

良法还需善治，严格的法律制度需要强有力的监管机制，中国自2015年开始了席卷全国的中央环保督察行动，作为中国环境监管模式转型的重要标志，这一重大变革旨在坚持用最严格制度和最严密法治保护生态环境，在该制度推动下，问责人数量超过1万人，与老百姓切身利益直接相关的8万多个突出环境问题得到妥善解决。这是运用法治思维和方法治理生态的具体实践，彰显了中央铁腕治污、重建绿色家园的胆识和魄力。以国家生态文明试验区（福建）为例，福建对生态环保工作履职不到位、问题整改不力严肃追责，仅2017年就约谈979人，追责437人。

构建人类命运共同体

“构建人类命运共同体”是中国国家主席习近平于2015年9月在纽约联合国总部出席第七十届联合国大会一般性辩论发表重要讲话时提出的治国理政方针理论。近年来，中国政府以实际的行动推动这一理论走向实践。

2015年11月，中法元首就气候变化发表联合声明，中国宣布出资200亿元人民币设立“中国气候变化南南合作基金”，为太平洋岛国应对气候变化提供支持；中国政府推动建立“一带一路”绿色发展国际联盟，将绿色发展合作计划纳入中非“十大合作计划”“八大行动”；中国政府也积极参与制定海洋、气候变化等领域治理规则，推动气候变化《巴黎协定》的达成、生效与实施。中国政府关于生态文明建设的理念创新和历史担当逐步得到了国际社会的普遍赞誉。在朝着实现中华民族伟大复兴中国梦不断迈进的道路中，中国不仅创造出惊人的增长速度，更绘就了一幅幅迷人的绿色画卷。

国际社会对中国生态文明建设的评价

2013年2月，联合国环境规划署第27次理事会，将来自中国的生态文明理念正式写入决议案。2016年5月，联合国环境规划署发布《绿水青山就是金山银山：中国生态文明战略与行动》报告，高度认可中国生态文明建设实践经验，并将其作为对可持续发展理念的有益探索，向世界其他国家推广。

2018年，中国政府宣布启动蓝天保卫战，试图让蓝天常驻在中国上空。实际上，早在2008年北京奥运会期间，为打消外国运动员对北京空气污染的担忧，中国就采取了严格的、临时性大气污染治理措施。但奥运会后，雾霾很快卷土重来并愈演愈烈。2012年之后，中国开始寻求治理雾霾、保卫蓝天的长效机制。中国采取了怎么样的措施，蓝天是否很快地重回中国？英国伦敦、美国洛杉矶花了几十年才净化空气，中国能不能更快地实现目标？

第二章

追求中国蓝天常在：全面提升大气环境质量

曾经：灰霾笼罩中国大地

2013年1月中旬，中国首都北京及周边地区遭遇了严重的雾霾污染，数据显示当日的PM2.5浓度最高达到993微克/立方米，空气质量指数将近1000，引起民众的恐慌。根据世界卫生组织和国际上一些国家的标准，空气质量指数高于100就是“不健康”，超过400就会被评为“危险”，北京的污染超过了“危险评级”的两倍还多。国际著名杂志《经济学人》将这一天形容为“北京最黑暗的一天”。这场雾霾在随后几天内消散，但好景不长，当月月底一场覆盖全中国七分之一国土面积的灰霾降临，中国超过60%的人口、约8.5亿人受到空气污染的影响。

不幸的是，这仅仅是一个开始。进入2013年秋季以后，大范围雾霾污染又蔓延至哈尔滨、苏州、上海，甚至三亚等地，从东北到华南无一幸免。12月2日至14日，中国中东部发生严重雾霾事件，几乎涉及中东部所有地区，天津、河北、山东、江苏、安徽、河南、浙江、上海等多地空气质量指数达到六级严重污染级别，使得京津冀与长三角雾霾连成片。首要污染物PM2.5浓度日度平均值超过150微克/立方米，部分地区达到300至500微克/立方米。

何为PM2.5？

可吸入颗粒物被称为“微粒物质”，缩写为PM。PM是一种非常复杂的混合物，包含空气中飘浮的极小颗粒和液滴，对人体有极大的伤害。美国环保署在2006年更新了PM的标准，分为可吸入粗颗粒PM10和细颗粒PM2.5。PM10指微粒的直径在2.5到10微米之间。PM2.5是指细颗粒的直径不大于2.5微米，它能较长时间悬浮于空气中，其在空气中含量浓度越高，就代表空气污染越严重。

据统计，2013年，中国平均雾霾天数为52年来最多的一年，创下史无前例的历史纪录。

自2012年起，中国各城市在环境保护部的带领下开始逐步建立PM2.5监测网络体系，调整了大气环境质量标准体系，以求全面、准确地反映各地区的大气污染状况。统计数据显示，2013年全国重点区域及直辖市、省会城市和计划单列市共74个城市，其中仅海口、舟山和拉萨3个城市空气质量达标。2014年，涵盖PM2.5监测的大气环境质量监测网络进一步扩大到161个城市。根据《2014中国环境状况公报》，当年只有16个城市空气质量达标。

根据相对客观的监测数据以及人民群众的主观感受，中国逐步发现和确立了灰霾重污染的关键地区，主要是京津冀地区、长三角地区和汾渭平原三大人口密集地区。

京津冀地区是中国首都北京所在的区域。这里是中国雾霾重污染高发地区，全国空气质量相对较差的10个城市中有7个在京津冀。京津冀地区总面积占中国面积的2.26%，但承载了全国10%的人口，过高的人口密度、经济活动产生巨大的能源消耗，是造成京津冀地区大气环境质量非常差的主要原因。京津冀地区产业结构以重工业为主、能源结构以煤炭为主，单位国土面积煤炭消费量是全国平均水平的4倍，钢铁、焦炭、玻璃、原料药等产量均占全国40%以上，大宗物料80%依靠柴油货车运输[1]。

每年入冬以后，京津冀地区便会雾霾天气频发。在冬季，早上和晚上正是城市供暖锅炉运转工作的时候，排放的大量烟尘悬浮物以及机动车尾气，遇上低气压、小风的天气状况，与水汽结合形成烟尘和雾霾，影响人类的正常活动。北京交警部门提供的数据显示，雾霾的出现会加重交通堵塞，甚至在一个雾霾天里，北京市会发生数十起较为严重的交通事故，由此造成的人员伤亡和经济损失达数百万元。雾霾压城，航班取消，儿童因为肺部感染被送进医院，很多人都患上了慢性咳嗽……这些，都渐渐变为普通老百姓生活中的一部分。

中国的长三角地区，包括了中国第一大城市上海，以及江苏和浙江两省，是中国的经济重心。2014年这个地区以占全国2.2%的国土面积，汇集了全国11%的人口，创造的区域国民经济产值占到全国的18.5%。这个地区也饱受雾霾之苦。从2013年起，席卷中国中东部多个省市的雾霾，也波及长三角地区城市群。雾霾天气短时间内高强度地集中爆发，PM2.5严重超标，这不仅影响了长三角地区的交通出行，重度雾霾导致的低能见度曾迫使江苏关闭

1　中国新闻网：《中国专家组目前已基本弄清京津冀区域大气重污染成因》，2019年3月3日。http://www.chinanews.com/gn/2019/03-03/8770227.shtml.

了几乎全部高速公路，交通事故频发，更是损害了人们的身体健康，江苏省省会南京市曾连续 5 天空气质量严重污染、持续 9 天重度污染，导致部分中小学、幼儿园停课甚至停止户外活动[2]。

汾渭平原生活着近 5000 万人口。这里是中国农耕文明发祥地，还蕴藏着丰富的煤矿、铝矿、金矿等资源，由此衍生出煤电、煤化工、电解铝等行业。这个重工业集聚区同时也是中国大气污染最严重的区域之一，是全国二氧化硫浓度最高的区域。中国空气质量最差的十座城市位于汾渭平原。2017 年汾渭平原的 11 个城市，仅山西吕梁、陕西铜川两个城市 PM2.5 浓度低于北京，平均为 65 微克 / 立方米，高出中国国家二级标准 85.7%。

除上述地方外，像中国西部大城市成都地区的雾霾也十分严重。成都因为能源结构和地形因素，产生的空气污染物不易扩散，从而容易造成雾霾天气。2013 年成都的空气质量达标率仅为 56.2%，在 2014–2015 年期间也勉强保持在 60% 左右，空气污染情况不容小觑。广州、深圳、东莞等珠三角地区的城市也难逃雾霾的魔爪。2015 年多个城市的空气质量指数爆表，空气质量监测站点显示为重度

2　人民网:《盘点 2014 年南京两会三大热词之一：雾霾》，2014 年 1 月 17 日。http://js.people.com.cn/html/2014/01/17/283127.html.

污染压城

石月华是土生土长的山西临汾人，在她的记忆里,30年前临汾还是“北方的花果城”。那时，大街小巷都飘着果香，红红的柿子高挂枝头，大大的石榴咧嘴微笑……蓝天白云飘飘，清新空气围绕。记忆中的一切都很美好。后来，汾河两岸慢慢多出了一些土焦厂和中小型炼铁厂，逐渐遍布城乡。再后来，临汾被定位为能源基地，采矿、炼焦、钢铁等产业快速发展。但这些产业在支撑临汾经济发展的同时也在展现着其魔鬼的一面。从2006年开始，临汾开始出现在国际环境研究组织、美国《大众科学》杂志等发布的“全球污染最严重十大城市”榜单之中，成为媒体眼中“不适合人类居住”的城市。冬季，临汾人几乎不打开办公室的窗户。“因为高污染出名，都不好意思跟人家说我是临汾的”，这是很多临汾人当时内心的真实写照。

污染，广州“小蛮腰”等重要地标隐匿于浓雾中，高速交通一度中断、水巴短暂停运，在阴沉沉的天空下出行，部分市民身体甚至出现不适[3]。

雾霾带给中国人民的危害远不止交通影响。每到雾霾天气频发的秋冬季节，医院接收的呼吸道患者、抑郁症病人就会增多。雾霾中的主要凶手——PM2.5，它可以通过人体呼吸道，进入肺泡引发肺气肿，增加呼吸道发病率，甚至有致命威胁。一份来自联合国环境规划署的报告显示，PM2.5 每立方米的浓度上升 20 微克，中国和印度每年将有大约 34 万人死亡。

应当看到的客观现实是，灰霾并不是仅仅在中国单独存在。发达国家在历史上为空气污染付出了各种惨痛的代价。大气污染在一定程度上属于经济发展到特定阶段后的不良产物，是以牺牲环境换取经济价值的必然代价。当前各发展中国家也大都面临空气悬浮颗粒浓度普遍超标，二氧化碳、二氧化硫污染的浓度居高不下，机动车尾气危害日益严重等问题。

世界卫生组织和联合国环境组织发表的一份报告称：“空气污染已成为全世界城市居民生活中一个无法逃避的现实。”

3　中国青年网：《珠三角雾霾能见度不足 10 米 儿童哮喘比例翻番》，2015 年 12 月 24 日。http://news.youth.cn/gn/201512/t20151224_7453954.htm.

努力：
向污染全面开战

在灰霾笼罩的华夏大地上，中国政府该如何采取措施，来保卫蓝天和家园？美国洛杉矶、英国伦敦等都耗费了数十年的时间，才解决灰霾问题。然而，人民群众的由衷期待，以及国际上各方面的舆论，带给中国政府很大的压力和挑战。2013 年中国发布了《大气污染防治行动计划》，2014 年中国政府宣称要“像对贫困宣战一样，对污染宣战”。这无疑展示了中国政府改善大气质量的莫大决心和政治意愿，也为中国推进蓝天保卫战指引了方向。

知根知底

从渊源上看，中国政府应对大气灰霾的努力首先体现在建立 PM2.5 监测网络体系。

起始于 20 世纪 70 年代，40 多年来中国环境监测体系从无到有、从弱到强，随环保工作深入推进而不断发展，但并没有将灰霾的首要污染物 PM2.5 监测纳入其中。然而，随着灰霾事件的逐步增加，公众直观感受与传统环境监测产生强烈反差，很多时候环境监测数据显示空气质量为佳，但公众感受却是环境质量很差，使得公众转而相信美国使馆的环境监测数据。这些因素影响了政府环境数据的权威性，政府数据真实性受到公众强烈质疑。

2012 年，中国更新了《环境空气质量标准》，增设了 PM2.5 平均浓度限值和臭氧 8 小时平均浓度限值。在此基础上，开始投入大量资金建立监测体系。时间进度上，中国政府计划于 2012 年在京津冀、长三角、珠三角等重点区域以及直辖市和省会城市开展细颗粒物与臭氧等项目监测，2013 年在 113 个环境保护重点城市和国家环境保护模范城市开展监测，2015 年覆盖所有地级以上城市。

到目前为止，中国 338 个地级市从最初大多不具备 PM2.5 等指标的监测能力起步，现已全部按照新空气质量标准开展监测，不仅配备了监测 PM2.5、O_3、CO 的先进

西安环境监测数据造假案件

西安市长安区环境空气自动监测站（以下简称长安子站）系西安市13个国控空气站点之一。2016年2月4日到3月6日间，相关人员多次进入长安子站内，用棉纱堵塞采样器的方法，干扰子站内环境空气质量自动监测系统的数据采集功能。时任西安市环保局长安分局有关领导，明知有关行为而没有阻止。2016年3月5日，环境监测总站在例行数据审核时发现长安子站数据明显偏低，继而发现了监测数据弄虚作假问题，后公安机关将涉案人员抓获到案。2017年6月16日，陕西省西安市中级人民法院对此案做出判决。

仪器设备和软件系统，而且实现了实时公布各地环境空气质量现状和排名。

为了确保监测数据的真实性、可靠性，中央财政配套了将近30亿元的财政资金，直接负责国家环境质量监测事权，在很大程度上避免了地方政府对环境监测数据的行政干扰。同时，中国制定了《环境监测数据弄虚作假行为判定及处理办法》《环境监测质量管理规定》等，对故意篡改、伪造或者指使篡改、伪造环境监测数据的行为形成威慑力。

科学治霾

只有厘清灰霾产生原因，才能采取有针对地实施防治措施，才能真正还中国一片蓝天。尽管我们知道燃煤电厂、汽车、工厂是构成空气污染的主要来源，但燃煤电厂事关人民群众用电生活需要，汽车事关人民出行需要，工厂关系到工人的生计问题，不可能简单地采取关厂、限行的方式治理灰霾。为了更好地指导实践，我们必须清楚不同地区各污染排放来源的各自贡献，了解不同气象条件下各类污染物在大气中的反应情况，测算不同灰霾治理方式的成本，才能开出有效的“药方”。

自2012年起，中国就开始部署一系列关于灰霾的科

灰霾治理的科学研究

2014年两会[1]期间，环保部副部长吴晓青客观分析了2013年京津冀大气污染问题的成因，并表示党中央、国务院对这一问题高度重视，未来将为环保建设投入五万亿元资金，重点用于环保成因研究、环保监测和治理技术的研发方面。

中科院院长白春礼表示中国科学院作为代表国家科技最高水平的“国家队”和引领科技创新跨越发展的“火车头”，将义无反顾地承担起应有的使命和责任，举全院之力、下大力气开展大气灰霾追因与控制研究，切实承担起国家战略科研力量的历史责任。这是科技国家队为解决“十面霾伏”问题发出的科学声音，并为治理雾霾提供了科学决策支撑。

1　两会是对自1959年以来历年召开的中华人民共和国全国人民代表大会和中国人民政治协商会议的统称。

学研究项目。中国科学院于2012年9月启动“大气灰霾追因与控制”专项研究，计划用5年的时间，以环渤海、长三角、珠三角为研究区域，阐明区域灰霾形成的机制，研发致霾关键污染物的控制技术，为控制灰霾污染提供科学可行的技术和政策解决方案。2017年，“总理基金项目”设立“大气重污染成因与治理攻关项目”，研发投入6亿元，近1500名优秀科学家和一线科技工作者参与，形成一支行政管理与技术研发深度融合的攻关队伍。

经过几年的实施，这些科学研究在编制污染物排放清单、揭示灰霾成因、开展灰霾预警预测等方面取得积极的进展。2019年3月，生态环境部部长李干杰在第十三届全国人民代表大会第二次会议记者会上介绍，中国灰霾的重灾地区28座城市，在不到全国3%的国土面积上，排放了全国10%以上的二氧化硫和挥发性有机物、15%以上的氮氧化物和一次颗粒物。工业、燃煤、机动车、扬尘等构成污染物主要来源，占比达到90%左右；气象条件对大气重污染的影响非常明显，同时区域传输也导致灰霾覆盖大范围的国土面积。当前，中国已经基本做到在灰霾来临之前发出预警，实现了3–5天的精准预报和7–10天的趋势预报，重污染过程预报准确率近100%。

当然，科技支撑灰霾治理的作用远不止上述范围。其他还包括研发大气环境监测设备、研发大气污染源头控制技术等，如柴油车尾气排放控制技术、工业窑炉烟气控制技术等等，构成了污染治理的重要组成部分。

总之，科技研发是中国灰霾治理体系中的基础性工作，是中国在中等收入水平情况下、以较低治理成本赢得蓝天保卫战的关键。在这场持久战中，科学不仅无法缺位，其作用将进一步得到凸显。科技有助于实现“精准施策”的目标，在污染物实时监测、污染成因精准诊断、污染地区精细管理等方面，帮助政府提高治理能力。

较真碰硬

2015 年 12 月，综合数据预测未来一段时间京津冀中南部、山东西部和河南北部可能出现一次大范围持续重污染过程。为应对这一挑战，中国环境保护部启动应急督查，派出 14 个督查组赴京津冀及周边地区、辽宁中部、华中地区、成渝地区和关中地区开展现场督查，重点督促相关企业单位严格落实重污染天气应急预案中要求的停限产措施。这次督查排查出一批违法排污企业、关停了违法企业，处置了相关负责人，有效降低了重污染天气过程污染物峰值。此类督查在中国灰霾治理中被广泛采用，其中又以 2017 年京津冀及周边地区大气污染防治强化督查行动为代表。

大气污染督查行动

2017年是中国《大气污染防治行动计划》的收官之年。为确保灰霾治理目标的顺利完成，2017年4月中国政府组织了一场声势浩大的督查活动，来自全国30个省份的5600名环境监察执法精英，陆续抵达京津冀，支援位于“京津冀大气污染传输通道”28个城市（包括河北、河南、山东、山西部分城市及北京、天津）的大气污染治理。督查人数相当于全国环境执法力量的十一分之一，全国各省市环境监察执法机构总人数也不过6万余人。“督查组将独立开展督查，基本采用暗查、突击检查的方式。各地方政府不再进行陪同，不提前打招呼。”这次督查行动，时间和规模也创造了历史之最，环境执法人数最多，覆盖城市最广，督查行动一直延续到2018年3月31日。

除了严格处置污染企业外，更重要的是，中国开始将矛头指向在污染治理中不作为、严重失职的地方政府，在很大程度上扭转了中国环境保护过程中的种种有法不依的情况。2014-2018年，中华人民共和国生态环境部约谈了超过80个地方政府的行政首长，解决一批突出环境问题。在2017年的京津冀及周边地区大气污染防治强化督查行动中，一次对企业的暗访活动受到阻挠，当地政府对此进

“约谈”一般“谈”什么？

生态环境部在给河南省安阳市的约谈通报中，明确指出“2014年前9个月，PM10浓度146微克每立方米……是河南省环境空气质量最差的城市之一”“存在等待观望和被动应对情况”“221省道和301省道大型运输车辆经过时扬尘极为严重。”以数据说话的约谈内容，对于基层政府解决哪方面问题给出了明确的提示。

行了非常严厉的惩处——当地纪检、组织部门对基层党委、政府责任人问责，企业当事人被拘留，涉事企业受到经济处罚。这些举措产生了重要的威慑作用，将环境保护压力传递到了基层政府。

在一系列强烈污染防治措施的背后，是中国环境保护法律和制度体系的日趋完善和严格。2014 年，全国人大常委会[1]审议通过了《环境保护法》，堪称史上最严格的环境保护法，不仅新增了“按日计罚”的制度，还规定了行政拘留的处罚措施。2015 年《大气污染防治法》修订案得到审议通过。数据显示，2017 年，全国查处的违法案件有 23.3 万件，相比 2014 年增加了 180%；罚款比 2014 年增加了 265%。2015 年 7 月，中共中央全面深化改革领导小组（后简称为深改组）第十四次会议审议通过《环保督察方案（试行）》，随后用了两年时间分四批实现了全国 31 个省份的督察全覆盖。

中国政府还设计了一系列大气环境保护的经济激励政策。中国于 2018 年 1 月 1 日开始执行环境保护税，通过对排放污染的企业征收环境保护税，以减少污染排放，最终起到改善环境质量的作用。

1　全称是：全国人民代表大会常务委员会，是中华人民共和国最高国家权力机关——全国人民代表大会的常设机构，行使国家立法权。

全民参与

保卫蓝天无小事，只有从身边做起，在全社会形成大气环保意识，才能形成大气污染防治的社会共治体系。

近年来，社会公众参与生态环境保护的监督程度不断提升，2017 年国家生态环境部通过电话、微信、网络接到的举报就有 17 万件，比 2016 年翻了番，是 2014 年的 3.5 倍。公众举报环境违法行为也得到了政府较好的回应和处理。在 2017 年秋冬季以来所有涉及环境的公众举报，环境保护部门完全向社会公开，并责成当地进行处理，有些

传统节日禁放烟花，助力环保

在春节或者是元宵节，人们庆祝佳节的最直接方式是燃放烟花鞭炮。但燃放烟花爆竹严重影响空气质量，尤其是大范围密集燃放对空气所造成的污染更严重。为了保护空气质量，许多地方划定了禁放烟花鞭炮的区域和时间点，这些举措得到了广大群众的理解和支持。

深圳如何支持环保社会组织发展？

大鹏新区地处深圳东南部，东临大亚湾，是国家第二批生态文明先行示范区。近年来，大鹏新区在推动环保社会组织发展方面付出巨大努力，制订了《关于完善社会组织参与生态文明建设引导机制的工作方案》；加大公共财政支持生态环保类社会组织发展力度；以公开招投标、公益创投、定向资助等形式支持生态环保类社会组织开展形式多样的生态环保公益服务活动；启动了社区社会组织“双创计划”，支持生态环保类社会组织开展生态环保类公益服务活动。

重点案件、重点问题都是一盯到底。

公众的作用不仅体现在监督上，而且也体现在绿色生活和绿色消费方式的转型上。中国节能家电、节水器具、有机产品、绿色建材等产品正走入千家万户，循环再生产品逐步被接受，新能源汽车成为消费时尚，共享出行蓬勃发展。据《2017年中国居民消费发展报告》估算，年内国内销售的高效节能空调、电冰箱、洗衣机、平板电视、热水器可实现年节电约100亿千瓦时，相当于减排二氧化硫1.4万吨、氮氧化物1.4万吨和颗粒物1.1万吨；2016年中国废旧纺织品综合利用量360万吨，节约原油460万吨。

除了以个人形式发挥保护环境的作用外，公众参与生态环境保护的集体方式——环保社会组织，也得到迅速发展，并在空气治理中发挥了重要作用。目前，中国各类民间环保组织已发展至数千家，在传播生态环保理念，开展生态环保类志愿服务活动等方面发挥了积极作用。

成绩：蓝天正在重新归来

一场新雨过后，初夏的北京格外清新、绿意融融。一些市民感叹道："过去下雨得躲着，不然身上都是泥点子。现在雨干净了许多。"北京的生态环境变化正是中国大规模开展"蓝天保卫战"的成果之一。

根据中华人民共和国生态环境部的通报情况，2018年全年中国338个地级及以上城市平均优良天数比例为79.3%，同比提高1.3%，PM2.5浓度为39微克/立方米，同比下降9.3%。而在京津冀及周边地区、长三角、汾渭平原区域的PM2.5浓度同比下降11.8%、10.2%和10.8%，达到年度目标要求，大气环境质量稳步提升。

北京治霾成绩单

北京市 2017 年优良天数达 226 天，占比 62.1%，同比上升 6.9 个百分点；PM2.5 浓度同比下降为 58 微克 / 立方米，同比下降幅度达到 20.5%。2018 年平均优良天数比例为 62.2%，同比上升 0.1 个百分点；PM2.5 浓度为 51 微克 / 立方米，同比下降 12.1%。

当然，灰霾治理的成绩，不仅仅体现在空气质量较差的地区，一些原本大气环境质量较佳的地区也得到进一步改善。以深圳市大鹏新区为例，2018 年该地区的 PM2.5 由新区成立之初的 34 微克 / 立方米下降到 22 微克 / 立方米，空气质量优良率从 90.2% 提升到 96.4%。

除了蓝天次数越来越多外，人们对空气污染可能导致的呼吸问题的担忧也在减轻。这从口罩、空气净化器等一系列与空气污染相关的“一篮子”产品的销量走势便能够判断出来。根据奥维咨询（AVC）的电商渠道监测数据显示，2013 年中国空气净化器整体市场销售额为 51.4 亿元，同比增长90.2%，线上市场占比约38%，可谓是红极一时。然而，令投资者感到迷茫的是，2017年原本处于增长趋势下的空气净化器市场在第四季度遭遇销售量的大幅下滑，而这一情况恰好与当年度中国北方冬季空气质量大幅改善的情况相吻合。

空气污染以大家能够感知到的速度得到有效控制和缓解，而广大居民的健康幸福感也在逐步提升。2017年10月到2018年1月，石家庄优良天数同比增加37天，市民们纷纷反映天气格外晴好，几乎天天是蓝天白云、旭日暖阳，由衷地感受到好天气给人们带来的好心情。

“蓝天重回”也引发了海外媒体争相报道。英国媒体称，冬季历来是北京雾霾最严重的季节，因为燃煤量会增加以便为数以百万计的居民供暖。但近来中国首都的天空干净得几乎不可思议，这在一定程度上要归功于政府对化石燃料使用的限制。2018年《纽约时报》刊登了芝加哥大学的一项研究成果，过去四年，中国空气中细颗粒物浓度平均降低32%，将使全国人民寿命提升2.4年。美国在20世纪70年代花了十几年才取得的治污成绩，中国4年就实现了。

如今，大气污染防治已进入新的阶段，2018年颁布了《打赢蓝天保卫战三年行动计划2018–2020》。很欣喜地看到，中国的大气污染治理已经取得了突出的成绩。虽然越往后，大气污染治理这块骨头会“越啃越硬”，但是有充分的理由相信这是一场注定胜利的战役。英国伦敦治理雾霾用时30年，美国洛杉矶净化空气花了60年，中国治理空气污染的进程尽管难以准确估计，但可以肯定的是，这场席卷全国的“污染治理飓风”不会轻易消失，并且“越刮越劲”。未来属于每一个人的苍穹蓝天也终将回归。

空气变好带来的实在幸福感

在华北制药股份有限公司制药总厂附近的冀兴尊园小区，居民崔女士感慨地说：“华药异味几十年如一日，去年夏天我们还宁可热着也不开窗，但从去年11月开始基本闻不到了！”华药总厂已于2017年11月停产，目前正在进行搬迁。异味消失了，周边居民呼吸更加清爽舒畅了，这是石家庄市空气质量改善让老百姓感受到的诸多幸福感中的一个。

鸟语花香是大自然赠予人类的珍贵财富。国家公园是国际上保护生态系统的一种有效模式。自2013年起，这一“舶来品”开始在中华大地落地生根。中国政府为什么要花大力气来推动国家公园体制改革？其根本目的，是为了永续保存重要生态系统，为子孙后代留下美好的自然礼物。

第三章

永续保护生态系统：改革中国国家公园体制

改革缘起

玉米长势旺盛，田垄一眼望不到头，本应是大喜事。但面对这样一幅预示丰收的美景，内蒙古图牧吉国家级自然保护区管理局的工作人员却怎么也高兴不起来，“我们内蒙古图牧吉国家级自然保护区当年在划定的时候，属于抢救性保护，保护区的草原和湿地生态系统支持着以大鸨、鹤类和鹳类为代表的众多珍稀濒危鸟类生存，是东亚水鸟迁徙路线上的重要一站。从理论上讲，核心区和缓冲区内是不允许进行生产经营活动的，但现在图牧吉自然保护区没有生产经营活动的区域面积仅有 5%。”

其实不止图牧吉自然保护区，中国许多自然保护区都存在着类似的问题——开发过度。自新中国成立以来，自然保护区、风景名胜区、地质公园和森林公园等自然保护地已接近中国陆地国土面积的18%。这些保护地在中国重点生态功能区中居于核心地位，蕴藏着丰富的自然资源特别是生物遗传资源。但由于中央地方事权划分不清、财政支出责任不合理、相关行政管理部门过多过乱、保护区功能定位不够合理、土地及其相关资源的产权不明确等体制机制问题，这些特殊的保护区并没有得到很好的保护。

中国自然保护地如何划分？

中国现行有关法律中设定了11种保护区，包括自然保护区、风景名胜区、饮用水水源保护区、基本农田保护区、海洋特别保护区、种质资源保护区、畜禽遗传资源保种场（保护区）、禁猎区、天然林保护区、沙化土地封禁保护区、洪泛区、蓄滞洪区和防洪保护区。依照有关国际公约，设立了世界自然遗产、世界地质公园和国际重要湿地等。

“绿盾 2017”国家级自然保护区监督检查专项行动发现，自然保护地普遍存在管理碎片化、开发过度的现象，比如：对于同一个湿地生态系统保护区，水文、水位由水利部门管理，渔类资源和水生动物保护由农业（水产）部门管理，候鸟与陆生野生动物植物由林业部门管理；如果该区域还是风景名胜区，旅游部门也参与管理。加上各种保护区空间分布上存在不少交叉重叠，增加了部门间的矛盾和冲突。

此外，部分地方政府甚至为自然保护区违规开发建设行为“开绿灯”。2018 年以来，各地共调查处理了 14000 多个涉及自然保护区的问题线索，关停取缔违法企业 1800 多家，强制拆除违法违规建筑设施 1900 多万平方米，追责问责 900 人，其中厅级干部 6 人，处级干部 150 多人。

在众多自然保护区中，政治影响最大的是对甘肃祁连山国家级自然保护区违法行为的查处。祁连山是中国西部重要生态安全屏障，以青海云杉、祁连圆柏、蓑羽鹤等生物为保护对象。长期以来，祁连山局部生态破坏问题十分突出，保护区设置了 144 宗探矿权、采矿权，长期以来大规模的探矿、采矿活动，造成植被破坏、水土流失、地表塌陷；保护区有 42 座水电站，由于在设计、建设、运行中对生态流量考虑不足，导致下游河段出现减水甚至断流现象，水生态系统遭到严重破坏。2017年，中共中央办公厅、国务院办公厅就甘肃祁连山国家级自然保护区生态环境问题发出通报，责成甘肃省委和省政府向党中央做出深刻检查，多位副省级干部、厅级干部受到党内严重警告、行政撤职处分。

追根溯源，长期以来，中国保护地基本上实行的是“抢救式保护”策略，保护地的建设与管理，普遍存在没有保护好、没有服务好、没有经营好等共性问题。深入思考，其直接成因则是遗产地资源遭到破坏、缺乏服务意识和服务能力、保护管理机构与社区发展冲突、经营收入未反哺周边落后社区；而从制度上来看，则是由于土地权属制度不清、管理单位体制不合理、行政资源倾斜不够、资金机制不合理、定位偏差等原因所导致的条块化分割、缺乏统筹协调，一地多牌、多头管理，监测和评估体系不规范、不合理，商业开发无序或过度等。尽管通过中央环境保护督查、“绿盾”行动等加强了对各类保护地的督查工作，但这仅仅是事后监督的一种，不能很好地发挥从源头上保护生态系统的作用。

面对种种问题，中国政府寻思求变，提出以国家公园方式重组中国的保护地体系，按照保护的类别、问题严格程度和可持续性，研究建立统一的分类体系，合理整合中国各种保护区，建立健全有效的管理体制机制。2013 年《中共中央关于全面深化改革若干重大问题的决定》提出“建立国土空间开发保护制度，建立国家公园体制”。这为中国推动生态系统的永续保护注入了新的动力，指明了未来方向。

步履蹒跚

尽管中国各界对推进“国家公园体制”改革给予了厚望，但在一开始，这项改革并不顺利，在众多利益牵扯下甚至步履蹒跚。

2013 年 11 月，中国首次提出“建立国家公园体制”，但“国家公园”概念在一开始就存在广泛争议。概念上，国家公园强调保护和利用兼顾，要求在保护的前提下进行合理开发；中国现有自然保护地以保护生态系统、维持生物多样性为主要功能的自然保护区为主。因此，以国家公园统筹各部门分头设置自然保护区、风景名胜区、地质公园、森林公园等，缺乏可供借鉴的成功经验。事实上，后续实践中很多地方都将国家公园建设简单地理解为发展旅游为主要导向，甚至扩大开发强度的倾向。

保护地建设牵一发而动全身，既涉及不同政府部门的利益，也涉及中央和地方关系的调整，体制改革难度较

达成共识困难重重

尽管中央文件明确，建立国家公园的主要目的是保护自然生态系统的原真性和完整性，坚持“生态保护第一、国家代表性、全民公益性”建设理念，但误解仍然普遍存在。一些地方政府将国家公园视为“吸金”招牌，导致在试点实施后开发建设强度不降反升。生态环境部卫星中心遥感监测发现，一些试点区在试点期间开发建设活动有扩大趋势。一些试点区过于强调基础和公共服务设施建设，计划在园内开展交通、水利、电力、通讯、教育、卫生等基础和公共服务设施建设，这有可能会造成试点区生态系统的破坏。

大。因此，国家决定以试点方式来推进，但这同样需要编制《建立国家公园体制试点方案》。方案编制过程中，争议焦点集中在“国家公园怎么定位、试点地区怎么选、资金机制”等问题。由于各方意见差异太大，本应是2014年发布的任务，最终发布时间延迟到2015年1月，而《国家公园体制试点区试点实施方案大纲》则到2015年3月才下发。《试点方案》明确了9个试点省（市），即北京、吉林、黑龙江、福建、湖北、湖南、云南、青海；体制改革方向是要体现“统一、规范、高效”；而国家公园定位为“保护为主、全民公益”。但由于各部门认识的不统一，试点文件在资金机制等方面做了折中，当时中央财政暂未安排专项资金支持试点工作。

在国家公园试点方案编制的同时，有关部门各自推进试点工作。2014年3月，国家环境保护部（以下简称“环保部”）和旅游局批准浙江省台州市仙居县和浙江省衢州市开化县成为首批两个国家公园试点县。国家林业局以部门名义开展大熊猫、亚洲象、东北虎豹、藏羚羊等4个旗舰物种的国家公园建设试点，并提出在“十三五”规划中将整合设立一批野生动物类型国家公园。这些初期行为不利于公众形成对国家公园的统一认知，同时，对理顺自然保护地体系带来负面影响，产生新的碎片化问题。此外，

何为试点？

试点，指全面开展工作前，先在一处或几处试做。“先试点后推广”是中国推进改革的成功经验，一项改革特别是重大改革，一般都是先在局部试点探索，取得经验、达成共识后，再把试点的经验和做法推广开来，这样的改革比较稳当。“国家公园”对于中国来说是新生事物，只能在试点、争论、探索的过程中逐步达成共识和深化。尽管欧美国家在国家公园建设方面积累了长期的经验，但中国制度背景与欧美国家差异很大，欧美国家的成功经验可参考但难以复制。在缺少成熟经验借鉴的情况下，倡导地方首创精神，实行试点先行十分必要。

在国家试点之外，一些地方自行挂牌建立国家公园，如广东省选择梅州平远作为（省立）国家公园。

《建立国家公园体制试点方案》要求各试点省自行选择试点地区，但这一过程也一波三折，其原因在于地方有各自的利益诉求，不愿意承担公益性而倾向于利用国家公园的“影响力”谋求开发利益。例如，北京多次反复，一度不愿将长城纳入其中；湖南张家界是著名自然保护地和风景名胜区，但明确表示不希望被列为试点单位；吉林和黑龙江两省的试点区域，被东北虎豹国家公园和大熊猫国家公园体制试点区所取代。最终，到 2015 年 10 月全部试点区域才得以确定，但试点区内部精确的边界划分和功能区划仍遗留下来，有待进一步解决。原定 2015 年完成的各试点地区实施方案，一直到 2016 年 12 月才全部编制完毕并审议通过。

地方在推进国家公园体制试点工作方面，也存在进度不一的情况。一些试点区如青海等地区进展较快，取得了较为明显的成绩；一些试点区如湖南南山、北京等进展较为缓慢。除了方案起草和批复时间较晚之外，试点进展较为缓慢的主要原因是地方政府对于人员编制、行政机构的级别和资金诉求较高，而国家在当时阶段尚不能完全解决。

综合来看，在中国推进国家公园体制改革的进程中，有几个突出的挑战和问题制约了改革的进度。首先是发展和保护的矛盾冲突问题。在中国，人和自然长期共存，无论是西部自然条件极其恶劣的地区，还是东部发达地区，都存在不同密集程度的人口。在新的生态保护格局下，要解决人和自然的关系，必须优先解决人与人的关系，这构成中国国家公园和自然保护地建设的一个重大挑战。

其次是不同政府部门间的冲突。改革涉及国家林业局、环保部、住房和城乡建设部（以下简称“住建部”）、国土资源部、文化部等多个部门，产权和利益关系复杂，部门间博弈在所难免，使得各类保护地和管理机构的整合存在困难。一些试点区尽管推动了管理机构整合，但基于生态要素的破碎化管理在短时间内难以完全改变，在自然资源资产统一确权登记、空间规划、用途管制等相关制度未落实的情况下，生态要素的多部门交叉管理问题短时间内难以得到彻底解决。

第三是跨行政地区之间的矛盾。为保持自然生态系统完整性，国家公园体制试点区还需要将周边一些自然保护地整合进来进行统一管理，也因面临无法协调跨省利益、解决跨省管理问题，而没有实现有效整合。比如，福建武夷山试点区理应整合江西省武夷山国家级自然保护区；浙江钱江源试点区理应整合毗邻的安徽休宁县岭南省级自然保护区；湖南南山试点区理应整合毗邻的广西壮族自治区资源县十万古田区域等，都因面临跨省难题，均未实现有效整合。

此类种种问题，都在很大程度上制约了中国国家公园体制改革的进程。

主动破局

“困难”和“挑战”不是中国政府不作为的理由，反而成为激流勇进、改革创新的动力。中国共产党一直是个知难而进的政党，相信“办法总比困难多”。面对诸多挑战，中国采取高层推动、问题导向、开放包容的模式，推动国家公园体制改革，取得诸多来之不易的成就。

中国社会主义制度具有集中力量办大事的政治优势，中央高层的重视和引领在其中起到至关重要的作用。习近平总书记高度重视国家公园建设，多次发表重要讲话并做出批示，推动试点和制度建设工作不断深入。由习近平总书记挂帅的中央全面深化改革小组，多次召开会议审议

习总书记关于国家公园的讲话

2016年中央财经领导小组第12次会议上，习近平指出“要着力建设国家公园，保护自然生态系统的原真性和完整性，给子孙后代留下一些自然遗产。要整合设立国家公园，更好保护珍稀濒危物种，要研究制定国土开发保护的总体性法律，更有针对性地制定和修订有关法律法规”。

《三江源国家公园体制试点实施方案》《东北虎豹国家公园体制试点方案》《大熊猫国家公园体制试点方案》。党的十九大[1]报告指出：“构建国土空间开发保护制度，完善主体功能区配套政策，建立以国家公园为主体的自然保护地体系。”

在总书记的高度重视和指导下，国家发展改革委协调各部门和咨询专家，统筹推进各项改革任务，无论是国家

1　即中国共产党第十九次全国代表大会，于2017年10月18日至10月24日在北京召开。

公园体制试点方案、改革总体方案，还是管理体制整合与启动立法进程，都在有条不紊地进行，并且进展迅速、成果丰硕，已成为生态文明建设综合性改革的标杆。

除了高层引领外，多元参与也构成推动改革的重要因素。在实施初期，国家公园体制改革就十分重视利益相关方参与。首先，政府相关部门积极参与。国家发展改革委联合环保部、住建部、国家林业局共同管理试点工作，并根据专业特点分工负责不同试点，充分发挥了各部门的作用。其次，充分调动各利益相关方的积极性，促进广泛参与，改善治理体系和提高治理能力。保尔森基金会[2]、世界自然基金会（WWF）[3]、桃花源生态保护基金会[4]等国内外社会组织以签署合作协议或合作谅解备忘录的方式，共同参与到国家公园体制试点和建设中。再者，充分保障专家参与。组织成立了国家公园体制试点专家组，邀请专家学者参与各试点的调研、实施方案编制与监督评估，取得了良

2　由美国前财长亨利·保尔森于 2011 年创建，为一家独立智库。总部设在芝加哥，并在华盛顿和北京设有办事处。

3　英文全称为 World Wildlife Fund，是在全球享有盛誉的、最大的独立性非政府环境保护组织之一，自 1961 年成立以来，WWF 一直致力于环保事业，在全世界拥有超过 500 万支持者和超过 100 个国家参与的项目网络。

4　为一家由中国企业家发起，关注自然保护地的非盈利环境保护机构，致力于用科学的手段、商业的手法保护环境。

对法国国家公园体制科学考察

2017 年 9 月，受法国开发署邀请，来自中国科学院、国家发改委、国家林业局、国务院发展研究中心的专家官员组织了“法国国家公园体制科学考察团”，赴法国进行了考察和交流，走访了法国生态部、司法部、文化部、外交部，实地考察了孚日大区公园和埃克兰国家公园。通过听取情况介绍和进行实地考察，深入了解法国国家公园体制改革的背景、特色与问题。有关成员回国后形成众多咨询建议，对中国推动体制改革发挥了重要参考价值。

好效果。积极借鉴国外的经验，也获得了不少积极的、建设性意见。

在开展国家公园体制试点的过程中，中国政府始终坚持问题导向，积极主动研究破解试点中遇到的各种困难和重大问题。建立国家公园体制是一项复杂的系统工程，也

事例

如何进行机构改革以顺应发展所需?

2016 年 6 月，三江源试点区将原来分散在林业、国土、环保、住建、水利、农牧等相关部门的生态保护管理职责进行统筹，挂牌组建三江源国家公园管理局（筹），实现集中、统一、高效的保护管理和综合执法；同时，对 3 个园区所涉 4 县进行大部门制改革，县政府组成部门由原来的 20 个左右统一精简为 15 个，生态管理归管委会，其他社会管理归地方政府，各司其职、相互配合。

目前，三江源、神农架、武夷山、南山、钱江源、东北虎豹等试点区成立了国家公园管理局或管委会，对原有各类保护地机构、编制进行了整合，实现“一个保护地、一个牌子、一个管理机构”。各试点区挂牌多、破碎化管理现象得到了很大改善。

是一项具有开创性的全新工作，在中国历史上没有先例可循。

面对改革中的众多问题，中国紧紧地抓住管理体制整合这一关键举措，整合多头管理的格局，在试点地区组建统一的国家公园管理机构。试点管理机构在开展工作的过程中，充分发挥主观能动性，积极作为，攻坚克难，取得了一批创新性经验并得到推广。正是基于问题导向的试点和研究，并结合目标导向，使国家公园体制改革的顶层设计有了科学依据。

来之不易的成绩

通过不断的试点、争论与探索，改革共识逐步凝聚。如前所述，改革之初各界对国家公园的理解并不一致。随着讨论的深入和改革的推进，国家公园的理念经历了从众说纷纭到逐步凝聚共识的过程。目前，一些共识已经形成，包括国家公园建设要坚持“生态保护第一、国家代表性、全民公益性”的理念，目的是开展重要自然生态系统原真性和完整性保护，同时兼具科研、教育、游憩等综合功能；建立国家公园体制的核心是构建统一、规范、高效的管理体制；等。

在凝聚共识的基础上，国家公园体制的顶层设计得以完成。千呼万唤始出来，经过两年多的试点，2017 年 6–7 月，国家公园议题两上中央深化改革委员会（后简称“中央深改委”）会议，同年 9 月，《建立国家公园体制总体方案》正式亮相，提出到 2020 年，建立国家公园体制试点基本完成，整合设立一批国家公园，分级统一的管理体制基本建立，国家公园总体布局初步形成；到 2030 年，国家公园体制更加健全，分级统一的管理体制更加完善，保护管理效能明显提高。

在推进国家公园体制改革、建立自然保护地体系的过程中，中央政府紧紧扭住管理体制这个牛鼻子，开展了管理机构改革。为加大生态系统保护力度，统筹森林、草原、湿地监督管理，加快建立以国家公园为主体的自然保护地体系，保障国家生态安全，2018 年 3 月由中共中央印发的《深化党和国家机构改革方案》中提出组建国家林业和草原局（后简称“国家林草局”），负责管理国家公园等各类保护地，加快建立以国家公园为主体的自然保护地体系，国家林草局加挂国家公园管理局牌子。

在国家公园体制改革取得重大进展的同时，以国家公园为主体的自然保护地体系呼之欲出。2019 年 1 月，中央深改委第六次会议审议通过《关于建立以国家公园为主体的自然保护地体系指导意见》，是中国自然保护地体系

“三定方案”

国家林草局的成立是中国国家公园发展进入新纪元的标志性事件，在自然保护领域具有里程碑式的划时代意义。2018 年 7 月，中央机构编制委员会办公室（以下简称“中央编办”）印发《国家林草局“三定”规定》，进一步明确由国家林草局负责国家公园设立、规划、建设和特许经营等工作，负责中央政府直接行使所有权的国家公园等自然保护地的自然资源资产管理和国土空间用途管制；统一推进各类自然保护地的清理规范和归并整合，构建统一规范高效的中国特色国家公园体制。

的顶层设计，是指导国家公园体制试点建设、解决自然保护地遗留问题、建立以国家公园为主体的保护地体系的纲领性文件，该《意见》提出形成以国家公园为主体、自然保护区为基础、各类自然公园为补充的自然保护地管理体系。

中国政府通过 5 年的不懈努力，国家公园体制试点区生态环境保护取得显著进展。例如，三江源国家公园体制试点区生态系统退化趋势得到初步遏制，生态建设工程区生态环境状况明显好转，生态保护体制机制日益完善，农牧民生产生活水平稳步提高，生态安全屏障进一步筑牢。试点区水域占比由 4.89% 增加到 5.70%，样地生物量呈增长趋势，年平均出境水量比 2005–2012 年均出境水量年均增加 59.67 亿立方米，地表水环境质量为优，监测断面水质在Ⅱ类以上。藏羚、普氏原羚、黑颈鹤等珍稀野生动物种群数量逐年增加，生物多样性逐步恢复。东北虎豹国家公园体制试点区没有发生人伤虎、虎伤人事件，实现了人虎安全，试点区自然生态系统原真性和完整性得到进一步提升，有蹄类等野生动物数量稳步增长，野生东北虎豹种群稳定、活动范围不断扩大。目前，中国境内的野生东北虎至少有 27 只、野生东北豹至少有 42 只。

未竟的事业

短短几年的时间，中国国家公园体制改革取得了巨大的成绩。改革没有完成时，只有进行时，这项工作依旧有诸多任务需在未来不断完善和深化。

虽然自然保护地体系已经形成框架性方案，但构建系统完整的自然保护地体系仍然任重而道远。建立自然保护地是迄今为止最有效的保护自然生态系统、维护生物多样性的模式。国家公园在中国自然保护地体系中占主体地位，国家公园体制建设必须考虑改革和发展的宏观背景，特别是在中国尚处于社会经济转型期、资源环境平台期，新时代的经济发展态势和中美贸易摩擦愈加严峻。未来 10 年，需要更科学合理地谋划国家公园的长期发展。

中国政府要考虑的不仅仅是在2020年依法依规设立第一批国家公园，还要有更长远的目标和规划。首先，要制定国家公园、自然保护区和自然公园的分类设置标准，推动自然保护地的重组。其次，需评估全面建成社会主义现代化强国对生态系统服务的需求，制定中长期规划，明确到2035和2050年，中国以国家公园为主体的自然保护地体系建设战略、目标和路线图。

没有规矩，不成方圆。出台国家公园立法，既有利于保障国家公园体制改革工作的有序深入推进，也有利于为国家公园管理、经营等相关行为找到切实可行的法律依据。2018年7–9月，结合做好国家公园立法相关准备工作，国家公园管理办公室分别组织召开了3次国家公园立法工作座谈会、研讨会和咨询会，基本理清了立法的工作思路和程序，掌握了试点国家公园立法工作经验，为国家公园立法工作奠定了良好基础；至2018年底，《国家公园法（草案）》已形成专家建议稿。下一步，中国将加快《国家公园法》立法进程，理顺管理体制机制，明确法律责任，依法设立国家公园。在当前的生态文明体制改革和建设过程中，包括国家生态文明试验区、国家公园体制试点等工作，都会不可避免地遇到各种行政干预。为了减少国家公园设立过程中的行政干预，建议在《国家公园法》中明确设立国家公园的权限、程序及相关制度性安排。同时，结合中国自然保护地分类和完善治理体系的需求，统筹推动自然保护地体系立法，构建以《自然保护地法》为引领、各类保护地法或条例分类管理、地方性法规细化管理的、“整体立法”“一类一法”“一地一法”相结合的自然保护法律体系，实现自然保护地的良法善治。

实现国家公园的更好治理和相关决策的有效执行，需要充分考虑各相关方的利益和兴趣，继续深入推动多元共治。可参考国际经验，对于区域性流域性公共物品的善治，应构建统筹协调机制、管理执行机制、科学评估机制和公众参与机制。管理执行机制应由各级国家公园管理局来承担，形成统一高效的管理主体；统筹协调机制可以采用中央政府、地方政府、社区、行业协会、公益组织等各利益相关方参与的董事会或理事会制度，保障其决策权和监督权；科学咨询和评估机制应由独立的科学委员会来执行，为规划、保护和开发策略、绩效评估等提供科技支撑；社会参与机制重点确保社会有效参与，保障相关方的基本权益。

促进公益组织参与，可以作为政府治理的重要补充，拓展资金来源、提升治理能力。在国家公园制度建设中，应明确允许和鼓励公益组织参与国家公园建设与管理的主要途径：在国家公园立法中，应明确公益组织参与建设与管理的法律地位及可参与的工作范围；在资金机制方面，应建立公益组织捐赠机制，如针对国家公园设立面临的大量集体土地问题，建立国家公园公益捐赠机制，鼓励公益组织出资赎买土地所有权并划归国有，纳入到国家公园统一管理；在国家公园传统利用区，可探索建立由集体所有、使用和管理权流转给公益组织、政府监管的“三权”分置的协议保护机制[1]；在全民公益性方面，要推动公益组织在社区发展、科普和自然教育中发挥积极作用。

国家公园建设中的“钱、权”一直是两个难题，而可持续旅游和生态产品价值提升则能帮助解决“钱”这一难题，不仅可以提供国家公园运行的资金，还可以促进落实乡村振兴战略。因此要保证国家公园建设的发展，提升生态产品价值势在必行。国家公园重点生产生态产品，需建立机制让生态保护者获益，把保护和发展协调起来，在守住绿水青山的同时，收获金山银山，走保护优先、绿色发展的道路。国家公园生态产品价值提升的主要途径包括：建立国家公园生态补偿制度，加强对国家

1　指形成所有权、承包权、经营权三权分置，经营权流转的格局 。“三权”分置下，所有权、承包权和经营权既存在整体效用，又发挥各自功能。

公园内及周边由于保护而发展受限地区的财政转移支付和生态补偿。建立国家公园产品标识体系，充分利用国家公园良好的生态环境和品牌效应，发展高附加值、生态友好型产业，给符合国家公园功能定位和产品质量标准的产品授予标识，使其获得明显的增值和更好的市场销售前景。探索建立国家公园生态产品市场化机制，明确生态产品产权归属，建立生态产品价值核算、市场创建、定价和交易机制，使国家公园的生态保护者能通过市场手段获取经济收益以改善生活。打造国家公园生态

生态产品

生态产品的价值实现可以理解为在生态产品提供的生态服务功能不下降甚至有所提高的前提下，最大限度地实现其经济价值，并让利益相关方获得与其投入相匹配的收益。探索生态产品价值实现机制是贯彻“绿水青山就是金山银山”的重要体现。

产品交易平台，充分利用互联网、物联网、大数据等，降低国家公园内生态产品生产、交易、消费成本和门槛，促进国家公园生态产品市场繁荣。

在中国推动绿色发展进程中，绿色产业占据极其重要的作用。没有绿色产业的壮大，“绿色”与“发展”两词就不可能组合在一起。迄今为止，中国绿色产业的发展称得上是一个世界奇迹，不仅是全球最大的新能源汽车市场，而且风电、太阳能等清洁能源装机容量世界第一，节能环保产业得以快速发展。

中国政府是如何取得这一成绩的？随着科学技术进步，企业家的精神不可或缺，但必须承认的一个现象是，中国政府在发展绿色产业进程中发挥了巨大作用，作出了重大贡献。

第四章

发展壮大绿色产业：培育绿色增长新动能

架起环境和发展的桥梁

2015年，中国节能环保产业总产值达到了4.5万亿元，创造的就业岗位超过3000多万人[1]，中国境内绿色企业数量超过3万家。毫无疑问，以节能环保产业为代表的绿色产业，已经成为中国经济发展的重要组成部分，成为推动经济增长的重要动力。

然而，尽管现在的人们对这一现象已习以为常，但在一开始，节约能源、环境保护则更多地被视为是经济发展

1 国家发展改革委，科技部，工业和信息化部，环境保护部：《"十三五"节能环保产业发展规划》，http://hzs.ndrc.gov.cn/newzwxx/201612/t20161226_832641.html.

的负担，而不是经济增长的动力。传统经济学将环境与发展视为一种矛盾，认为环境保护约束会对经济增速造成负面影响。有美国学者指出，美国经济之所以经历了 10 多年的贸易赤字，原因是美国政府的环境管制政策、环境保护造成经济上过高的成本，严重妨碍了厂商生产力的增长和在国际市场上的竞争力。

追求绿色，从来就不是一件容易的事。从企业的角度，污染治理增加了企业的成本，却没有带来额外收入和收益，因此追求环保时，企业的成本增加而利润减少，整体

环境与发展的矛盾

2015 年，山东省临沂市因为空气污染严重，书记、市长刚上任就被环境保护部约谈。随后，当地推行了严格的治污措施，56 家重点企业被要求停产治理，412 家企业被要求限期限产治理。这些措施给经济社会发展带来了严重的冲击，有报道称，治污导致 6 万人失业，引千亿债务危机。这些情况引起舆论的争议。

经济状况也就变差了。在这一认识下，一些地方和部门还秉持着“重经济发展、轻环境保护”，“抓经济手硬、抓环保手软”等一些旧的理念，甚至以牺牲环境为代价去换取一时一地的经济发展。

值得庆幸的是，2008 年国际金融危机后，发展绿色经济和绿色产业逐渐成为各国解决多重挑战的共识方案，并成为全球实现可持续发展和绿色转型的新机遇和新载体。2008 年联合国环境规划署提出“全球绿色新政”的概念，其核心思想是：通过重塑和重新关注重要部门的政策、投资和支出，使经济“绿色化”，在复苏经济、增加就业的同时，加速应对气候变化与环境挑战。这些部门包括：能源效率、可再生能源、绿色交通、绿色建筑、水服务与管理、可持续农业与森林等。美国、欧盟、日本等纷纷出台相应的经济刺激计划，意图通过技术创新、产业创新和制度创新，把保障短期的经济复苏与长期的绿色转型和可持续经济增长结合起来，实现短期经济恢复、创造新的产业和就业机会、创建新的竞争优势、保障能源和资源安全、应对环境与气候变化挑战等多重目标。

未来全球绿色经济拥有相当大的市场需求量。根据联合国环境署发表的《2017 前沿报告：全球环境的新兴问题》，2015 年全球可再生能源的发电装机容量已超过了煤电。麦肯锡公司[2]2014年发布的报告称，到2025年包括可再生能源在内的12项技术将会创造巨大的经济效益，其中储能技术、可再生能源可以创造3000–9000亿美元的产值。随着《巴黎协定》[3]的实施和落地，全球范围内可再生能源的需求将会继续增长，并超越传统化石能源，特别是近年来一些国家开始制定“燃油汽车禁售时间表”，更为绿色技术的发展带来潜力。

在全球经济模式向绿色化进行转型的驱使下，“环境”与“发展”将不再是完全冲突，“绿色产业”将成为各国经济竞争力的重要影响因素。一国的绿色产业越发达，就越容易占据全球市场。这意味着，以绿色产业为核心的绿色经济体系，不仅能够保护良好的生态环境，也能够在全球竞争市场上赢得回报。

总之，在传统经济学视角下，环境与发展之间天然存在着各种矛盾和冲突。但在全球推进可持续发展的路径约束下，绿色产业能够架起环境与发展的桥梁，实现双赢。

---

2 麦肯锡公司是世界级领先的全球管理咨询公司，是由美国芝加哥大学商学院教授詹姆斯·麦肯锡（James O’ McKinsey）于1926年在美国创建。
3 《巴黎协定》是2015年12月12日在巴黎气候变化大会上通过、2016年4月22日在纽约签署的气候变化协定，该协定为2020年后全球应对气候变化行动作出安排。

何为“绿色产业”？

尽管“绿色产业”对未来经济竞争十分重要，但究竟何为“绿色产业”，却是一个众说纷纭的事情。国际绿色产业联合会[1]认为，当产业在生产过程中，基于环保考虑，借助科技，通过绿色生产机制力求在资源使用上实现节约，以及减少污染，就可称其为“绿色产业”。但该界定过于泛化，比如，该如何界定和测算资源节约？减少污染排放也会增加一定的能耗，这种情况是否符合绿色产业的标准？钢铁行业是传统能耗大户，但在采取先进节能技术

1　国际绿色产业联合会是接受联合国领导的国际性的非政府团体组织，总部设在美国，在全球 50 多个国家和地区设有办事处或分支机构。

的情况下，是否应被视为绿色产业或绿色企业？对于这些问题，国际上都没有给出很好的回答。

尽管理论上存在广泛的争议，但实践中却不能不对绿色产业给予明确的界定。模糊的概念容易导致产业政策无法聚焦，不能将有限的政策和资金引导到对推动绿色发展最重要、最关键、最紧迫的产业上，反而不利于绿色产业的发展。因此，界定明确哪些产业是绿色产业显得至关重要。

在国际金融危机后，绿色产业的战略性地位愈加凸显。在此背景下，中国政府于2010年发布《国务院关于加快培育和发展战略性新兴产业的决定》，提出了七大战略性新兴产业，其中节能环保产业、新能源产业、新能源汽车产业等三大产业可归类为绿色产业。2012年，中国政府印发《"十二五[2]"国家战略性新兴产业发展规划》，进一步明确了节能环保产业、新能源产业、新能源汽车产业三大产业的子产业和关键技术。但并非所有的绿色产业都是国家层面的战略性新兴产业，这种分类方式将导致部分绿色产业被忽略。因此有必要站在绿色产业层面进一步明确具体目录。

2 "十二五"规划的全称是：中华人民共和国国民经济和社会发展第十二个五年规划纲要。"十二五"规划的起止时间：2011–2015年。

收入绿色目录需要哪些依据？

一是要服务国家重大战略。着力提升绿色产业对推进资源节约循环利用、污染防治攻坚的关键支撑能力。例如，为支持打赢蓝天保卫战，将大气污染防治装备制造、煤炭消费减量替代等产业均列入了《目录》，基本覆盖了大气污染防治的重点领域。

二是要切合发展基本国情。充分考虑产业现状、资源保障能力等。例如，煤炭的清洁生产和利用在国际上被普遍认为不属于绿色产业的范畴，但煤炭仍占一次能源生产的60%以上，煤炭清洁化生产和利用至关重要，故也将其纳入了《目录》中。

三是需突出相关产业先进性。既明确绿色产业相关领域，又对装备产品设置较高的技术标准，推动相关产业提高供给质量和水平，体现产业的先进性、引领性。

四是要助力全面绿色转型。充分考虑国民经济各个领域的绿色化升级，既包括制造业、建筑业等第二产业，也包括农业和服务业等一、三产业；既包括产业链前端的绿色装备制造、产品设计和制造，也包括产业链末端的绿色产品采购和使用。

2019年，国家发改委会同有关部门研究制定了《绿色产业指导目录（2019年版）》，作为新时期指导制定绿色产业政策的核心文件。这个目录遵循服务国家重大战略、切合基本国情、突出相关产业先进性、助力全面绿色转型这四个原则，制定了节能环保、清洁生产、清洁能源、生态环境产业、基础设施绿色升级和绿色服务等6大类产业目录。

《绿色产业指导目录（2019年版）》的制定，有助于凝聚共识、有的放矢，作为中国各地区、各部门明确绿色产业发展重点、制定绿色产业政策、引导社会资本投入的主要依据；有助于规范边界、统一对标，遏制一些项目以"绿色"名义要资金、要政策，但资金并未真正用于绿色产业的问题；有助于提供依据、加强监管，能够在划定产业边界的同时，设定了相关行业的技术标准。

总体而言，绿色产业本身就是一个不断发展的概念。中国政府在未来将根据国家重大任务、资源环境状况、产业发展情况、技术进步等因素，适时进行调整和修订，确保相关支持政策始终能聚焦到"绿色产业发展"上来。

主席这样说

坚持绿色发展，就是要坚持节约资源和保护环境的基本国策，形成人与自然的和谐发展现代化建设新格局，为全球生态安全作出新贡献。

——2015年11月，习近平在新加坡国立大学的演讲

政策驱动绿色产业发展

环保政策注入动力

绿色产业是一个特殊的行业，在很大程度上依赖于政府政策的扶持。著名环境经济学者瑞宁斯（Rennings）从新古典经济学的角度，指出环境政策对绿色创新和产业发展具有强烈的影响。回顾历史，中国绿色产业的发展，与环境保护政策和资源节约政策的严格程度紧密相关。

“十一五”时期，中国政府开始实施严格的节能减排行动。为实现二氧化硫减排目标，国家采取了“胡萝卜加大棒”的政策组合。一方面，从 2004 年开始，对脱硫电价实施每千瓦时加价 1.5 分钱的补偿措施，为脱硫市场创造了巨大的投资机会，一大批新型环保企业相继涌现。另一方面，环境主管部门加强环境监管执法，明确总量减排的目标和责任。到2008年底，中国火电厂烟气脱硫装机容量超过3.79亿千瓦，是2003年脱硫装机容量的24倍多。

“十二五”期间，中国增加了氮氧化物减排这一约束性指标，实施了脱硝电价，为推动脱硝产业发展注入了新的动力。2016年，全国燃煤电厂实行全面超低排放改造，标志着中国电力烟气治理行业进入高度市场化轨道。完善的环保电价体系，带动了火电燃煤系统的专业化治理和规模化改造。当前，中国已建成了世界最大的煤炭清洁发电体系，燃煤电厂的大气污染防控技术和工程服

数说发展进度

截止到2010年，中国累计装机容量为7.05亿千瓦，中国累计投运的脱硫工程总量约为4.7亿千瓦，占总装机容量的66.6%；累计签订订单的脱硫工程总量约为6.3亿千瓦，占总装机容量的89.4%。

务能力跻身世界领先行列。

近年，在中央环境主管部门的督查巡查模式下，结合《中华人民共和国环境保护法》修订后赋予的“按日计罚、查封扣押、行政拘留、限产停产、移交司法机关”等新手段，全国各地方环保系统监察执法力度达到历史最严，并直接促使排污企业加大了环保投入。2001 年，全国工业污染治理投资仅为 174.5 亿元，2017 年已经增长到 681.5 亿元，年均复合增长率 8.8%，实现了环境效益和经济效益的双赢。

模式创新壮大产业

发展绿色产业，在很大程度上也依赖于商业模式创新。中国政府在推动绿色产业发展的进程中，涌现了政府和社会资本合作、合同节水管理、环境污染第三方治理等多种商业模式创新，极大地促进了绿色产业的发展。

政府和社会资本合作 (Public-Private Partnership，简称 PPP) 在中国绿色产业发展进程中，扮演了极其重要的角色。21 世纪以来，社会企业（包括民营和外资企业）大批进入到供水、污水和垃圾处理等领域，给市政环境设施建设带来了活力。中国城市环境基础设施建设进入新一轮的投资高峰期，每年的总投资额都在 1000 亿以上。据统计，2007 年在环境和公用设施管理业中，外资和民间资本占到总投资资金的 59%。从 2014 年开始，中国财政部和发改委加大了推广 PPP 的力度，启动了基础设施和公共服务领域的供给侧改革[1]新航程。经过审慎遴选，中国政府向社会推出了数批 PPP 示范项目，生态环境保护项目是推进 PPP 模式的重点和优先领域。许多城市河道沟渠的黑臭水体治理、流域环境综合整治得以顺利进行，都得益于这一轮公私合作建设项目热潮。据统计，截至 2018 年 8 月底，财政部 PPP 综合信息平台管理库项目共 12425 个，其中，生态建设和环境保护、污水垃圾项目数量 3889 个，占比全库 31%；投资额约 3 万亿，占比全库总投资额 18%。

“合同节水管理”是另一种商业模式创新，是指募集资本先期投入节水改造，用获得的节水效益支付节水改造全部成本，分享节水效益，实现多方共赢，实现可观的生态、经济、社会综合效益。2016 年 8 月，国家发改委与水利部、国家税务总局等三部门联合印发《关于推行合同节水管理促进节水服务产业发展的意见》，明确推

1 供给侧改革，就是从提高供给质量出发，用改革的办法推进结构调整，矫正要素配置扭曲，扩大有效供给，提高供给结构对需求变化的适应性和灵活性。

行合同节水管理的各项基本政策，使合同节水管理实现了从顶层设计到落地操作的转变。目前，合同节水管理试点已经在河北、天津、北京、内蒙古、河南、黑龙江等地陆续开展。

“环境污染第三方治理”是排污者按合同约定支付费用，委托环境服务公司进行污染治理的新模式。这种方式有助于发挥专业治污的作用。中国政府优先选择燃煤电厂等领域开展先行先试，2015 年 12 月国家发改委与环境保护部[2]、国家能源局共同发布《关于在燃煤电厂推行环境污染第三方治理的指导意见》，环境污染第三方治理在火电[3]行业得到推广。近年来，北京、上海、河北、黑龙江等地出台了环境污染第三方治理的实施方案，并在实际探索中取得了初步成效。

绿色金融架起桥梁

绿色产业的发展离不开投融资体系的支持。中国政府一直注重采用金融货币政策和工具，鼓励资金进入绿色产

2 2018 年 3 月 13 日，十三届全国人大一次会议在北京人民大会堂举行第四次全体会议，组建生态环境部，不再保留环境保护部。2018 年 4 月 16 日，中华人民共和国生态环境部正式揭牌。

3 利用煤、石油、天然气等固体、液体燃料燃烧所产生的热能转换为动能以生产电能。

业，抑制高耗能高污染性投入。1998-2000年，中国政府为应对亚洲金融危机，发行国债上万亿元，有效推动了城市环境基础设施的建设。利用国债，安排环保项目534个，总投资1622亿元，扶持了一批环保企业。

2016年，“绿色金融”正式上升为国家战略。中国人民银行等7部门联合印发《关于构建绿色金融体系的指导意见》，给予绿色金融明确的定义：“是指为支持环境改善、应对气候变化和资源节约高效利用的经济活动，即对环保、节能、清洁能源、绿色交通、绿色建筑等领域的项目投融资、项目运营、风险管理等所提供的金融服务。”

当前，银行信贷是国内绿色企业和项目最主要的融资渠道。根据中国银行保险监督管理委员会（后简称为“中国银保监会”）统计结果显示，截至2018年7月末，中国绿色信贷余额超过9万亿元，比2013年底提高了73%，涵盖绿色交通运输、工业节能节水环保、资源循环利用、建筑节能及绿色建筑等产业。

绿色债券在近年来也得到了大力发展，服务的行业范围明显扩大，更多企业认可并主动参与绿色债券申请发行，各类绿色金融产品在众多领域实现了零突破。2018年，中国境内符合国际绿色债券定义的绿债发行额达到312亿

兴业银行的绿色金融业务

兴业银行是首家在境外市场发行美元和欧元双币种绿色金融债券的银行，专门设立了绿色金融部。2018年，绿债发行余额达到1100亿元，跃居全球商业金融机构首位。凭借在绿色金融及绿色债券领域的突出表现和国际影响力，荣获气候债券倡议组织（The Climate Bonds Initiative，简称CBI）颁发的“2018年度新兴市场国家最大绿色债券发行”奖。创设了多项绿色投资产品，比如“中债—兴业绿色债券指数”，发行了与绿色产业相关的理财产品等。

美元，约合2103亿元人民币[4]，是全球绿色债券市场的第二大发行来源，占全球发行量的18%。2016年至2018年

4　气候债券倡议组织，中央国债登记结算有限责任公司.《2018中国绿色债券市场报告》，https://www.chinabond.com.cn/cb/cn/yjfx/zzfx/nb/20190227/150962459.shtml

的两年间，中国境内累计发行绿色债券 255 支，金额 5449 亿元。

总体而言，目前多元化投融资格局正逐步形成，绿色产业获取资金的可能性和可行性得到增强，形成了一批政府与市场、财政与市场资本相结合的投融资体系。

绿色产业支撑增长动能

中国改革开放以来，经济长期处在高速增长的通道，从2010年开始，经济增速持续下降，从2010年的10.4%降至2012年的7.8%，到2016年又降为6.7%，延续了近年来经济增速不断走低的趋势。但在总体经济增速不断下滑的背景下，绿色产业逆势而起，成为经济增长的一大动力。

中国节能环保产业、新能源产业、新能源汽车产业实现快速发展。2015年环保产业实现产值近1.2万亿元，环保企业数量突破5万家，从业人数逾300万人，涌现出一大批领头企业。节能产业规模持续扩大，产值一直保持在

15% 以上的年均增速，年总产值达到约 1.5 万亿元。以最具特色的节能服务产业为例，其总产值达到 11673.3 亿元，节能产品规模超过 4000 亿元，节能服务企业超过 23000 个，合同能源管理投资累计达 3711 亿元。2015 年，中国资源综合利用产业产值增长到 1.8 万亿元左右。

中国已成为利用清洁能源第一大国，风电、光伏发电装机规模和核电在建规模均居世界第一，清洁能源投资连

桑德集团

1993 年，北京桑德环境技术发展公司正式注册成立。截止到 2018 年，桑德集团在环境与新能源领域已拥有 500 多项国家专利、4 项国家级新产品、21 项市级自主创新产品、16 项国家重点环境保护实用技术或示范工程等。经过 20 多年的发展，桑德集团已形成集物理平台、数据平台、金融平台三位一体的生态型平台企业，形成了链、产、时、空四维交叉的生态圈，在环境及新能源产业处于可持续发展的领先地位。

续 9 年位列全球第一。截至 2018 年底，中国清洁能源累计装机容量突破 7 亿千瓦，占全球的 30%，促进了能源结构绿色化转型。

新能源汽车产业的发展同样喜人。2018 年的中国车市

建成节能环保产业园

中国建成了一批独具特色的节能环保产业集聚区，是绿色产业重要的承载平台和窗口。

中国环保产业区域分布总体呈现“一带一轴”的特点，形成了北起大连南至珠三角的环保产业“沿海产业带”，以及东起长三角，西至重庆的环保产业“沿江发展轴”。大量企业集中于环渤海、长江经济带和珠三角区域，整体也与中国重要区域经济带相重叠。其中，经济基础较为发达的江苏、浙江、山东、广东、上海、北京、天津等省市的环保企业产值已超过全国总量的一半，一批区域特色明显、规模效益显著的企业实现了协同发展。

在连续增长 28 年后迎来首次同比下滑，但是在新能源汽车领域却继续保持高速增长势头。新能源汽车全年产销分别达到了 127 万辆和 125.6 万辆，同比增长分别为 59.9% 和 61.7%。中国目前是全球最大的新能源汽车市场。

在这一经济发展过程中，创新能力不断增强，技术竞争力不断提高。在绿色技术方面，历经 40 余年的自主发展和技术引进，中国已基本形成涵盖从源头到末端的绿色技术体系等。作为中国培育自主创新能力的重要内容，近年来绿色技术创新取得的成果尤为显著，节能环保、新能源、新能源汽车等领域的专利申请量都在迅猛增长。

目前，中国 90% 以上的环保技术装备和工程技术服务供给均实现了本土化，一些技术水平已达到国际领先水平，除尘脱硫、城镇污水处理等装备的供给能力世界领先，环保装备和产品已经出口到 70 多个国家和地区。中国政府积极组建了“节能环保装备联盟”，将国内节能环保装备企业和相关机构聚拢，在联盟模式的发展基础上引入资本助力模式，推动环保装备产业落地。

传统环卫领域和再生资源废品回收利用行业，出现了互联网环卫运营模式，形成基层环卫运营、城市生活垃圾分类、再生资源回收、城乡最后一公里物流服务，并依托环卫运营的广告、环境大数据服务及其互联网增值服务为

小地方的环保企业

福建省在推进国家生态文明试验区建设进程中，提出在每座城市都要打造一个生态文明品牌，形成支撑品牌的发展策略和主导产业，在此基础上形成龙头企业。

福建省龙岩市是革命老区，近年来环保产业成为支撑老区崛起的一个硬标杆。龙岩市环保装备产业立足技术及商业模式创新，呈现良好发展势头。2017 年实现环保产业产值超过 120 亿元，是 2012 年的 2.78 倍。以龙净环保公司为例子，共获得授权专利 667 项，其中发明专利 143 项，位列同行第一。龙净环保公司是中国首批符合《环保装备制造行业（大气治理）规范》的企业之一；在中国“环保企业创新力百强”中，龙净环保在环保企业创新力总榜单及创新率子榜单上均名列榜首；2016 年中国环境服务业及细分领域权威排名发布，龙净环保继续在综合及大气污染治理领域双双排名第一。

“互联网 +”技术激发垃圾分类热情

世界各国都面临着垃圾围城的巨大挑战，推进垃圾分类是有效的应对措施，但实践效果并没有达到预期目标。

2016 年以来，西安浐霸等地方在推进垃圾分类时，积极应用“互联网 +”技术，打通线上线下的传统废品回收渠道，以分类可积分、积分可兑换、兑换可获益为核心，打造互联网 + 生活垃圾分类环保公益平台，既达到分类前移、源头减量的目的，又让参与生活垃圾分类的用户获得绿色积分，给居民带来便捷、有趣、环保的互联网垃圾分类新体验。

一体的产业模式。

海外投资并购不断融入全球绿色市场。中国节能环保企业多年积累了技术和运营管理经验，横向扩大业务规模，纵向延伸产业链的发展策略成为必然选择。企业通过参股海外公司或设立全资子公司等方式，对标世界先进环境技术和管理经验，积极融入全球绿色市场，实现了跨区域发展，国外环境技术输出和拓展新兴市场的需求也与中国企业海外投资需求形成互补。据不完全统计数据显示，截至2017年，中国并购海外环保企业对价总额已经超过410亿元。

中国“首创环境”融入全球绿色市场

2016年，中国首创环境控股有限公司以2.34亿美元的收购价，取得新西兰垃圾管理服务提供商BCG NZ Investment Holding Limited公司51%股权，获得了垃圾收集、经营中转站、填埋场、回收及处置有害及工业垃圾等业务。

作为全球治理的重要议题之一，全球气候变暖的趋势正越来越明确。近年来，中国政府采取积极应对气候变化，逐步从被动的跟随者变成全球秩序的关键塑造者。为什么会发生这种转变？作为负责任大国，中国的转型既是国内绿色低碳经济转型的需要，也是作为负责任大国的国际责任担当的重要体现。

第五章

积极应对气候变化：协同推动低碳发展

事实：全球变暖正在加速，极端天气频繁爆发

一部人类文明史几乎就是一部地球气候变迁史！如果不是第四纪冰期的结束，人类祖先就没有机会发展出大规模的农业耕作系统，也就没有建立在农业文明基础上的文明积累和进步。中世纪暖期导致欧洲人口剧增，随着暖期的结束，粮食减产导致人口、资源紧张加剧，或许是迫使欧洲开启伟大航海时代的重要推手，从而为人类第一次工业革命拉开序幕。工业革命首次使人类获得了大规模改造自然的能力，在开创史无前例的工业文明的同时，也将人类推向了不可预知而又难以驾驭的未来。

早在 1896 年，科学家就意识到大气中温室气体的增

加将产生温室效应，导致全球变暖。正是由于工业革命以来，人类大规模使用煤炭、石油等化石能源，以及大规模的毁林拓荒，排放了大量的温室气体，使得人类活动首次成为全球气候变化问题的主导因素。在过去的130年里，全球地表平均温度上升了0.8℃，海平面上升了19cm，且南极和北极的冰储量每年至少损失3620亿吨。如果不采取任何控制温室气体排放的措施，到2100年，全球平均气温将比工业革命前高3.7℃–4.8℃。全球变暖将对全球生态系统和经济社会发展造成严重的威胁，包括海平面上升威胁、极端气候事件频发、旱涝灾害增加、生态系统功能减退，以及疾病流行和其他健康风险等等。

何为温室气体？

温室气体是指任何会吸收和释放红外线辐射并存在大气中的气体。常见的温室气体包括：二氧化碳（CO_2）、甲烷（CH_4）、氧化亚氮（N_2O）、氢氟碳化合物（HFCs）、全氟碳化合物（PFCs）、六氟化硫（SF_6）。

中国气候变化幅度要比其他国家更加剧烈。中国陆地区域平均增温 0.9℃–1.5℃，气温上升幅度要高于全球平均水平；冰川、冻土和海冰面积明显减少；极端天气事件发生概率明显增加；近 30 年的沿海海平面上升速率也要高于全球平均水平。近 60 年，中国极端天气气候事件发生了明显的变化，高温天数和暴雨天数增加，极端低温出现的频次明显下降，北方和南方变得越来越干旱，每年登陆的台风强度不断增大。

影响：气候变化危及人类安全和社会稳定

中国是全球气候变化的敏感区和脆弱区之一，气候变化已经对中国的社会经济发展带来了严重的影响。1984年-2013年天气气候灾害造成的年均经济损失达到了2580亿元（按2013年的物价指数计算），占同期GDP的2.05%。进入21世纪以来，2001年-2013年中国天气气候灾害造成的直接经济损失与同期GDP比值的平均值约为1.07%，而同期全球灾害的经济损失与各国GDP综合的平均比值为0.14%，美国为0.36%。可以看出，中国的经济损失不仅仅要远远高于世界平均水平，也要超过美国等自然灾害严重的国家。在各类天气气候灾害中，暴雨洪涝和干旱造成的直接经济损失分别占总损失的40.6%和21.2%，台风造成的死亡人口占总死亡人口数的50.2%。气候变化引起的气候灾害不仅对基础设施造成了严重破坏，而且对广大人民群众的生命财产构成了极大的损害和威胁，已经成为经济社会可持续发展的重要制约因素。

2018年9月7日，超强台风“山竹”在西北太平洋洋面上生成，并于2018年9月16日在广东台山海宴镇登陆，登陆时中心附近最大风力14级(45m/s)。受到“山竹”影响，广东、广西、海南、湖南、贵州5省(区)近300万人受灾，5人死亡，1人失踪，160.1万人紧急避险转移和安置；据应急管理部有关负责人介绍，台风“山竹”还造成5省(区)的1200余间房屋倒塌，800余间严重损坏，近3500间一般损坏；农作物受灾面积174.4千公顷，其中绝收3.3千公顷；直接经济损失52亿元。

气候变化也在无时无刻的影响着地球的生态环境系统。全球气候变暖将使得内陆的湖泊面积和湿地面积不断减少，而湖泊 / 湿地具有不可替代的生态功能，其为地球上 20% 的已知物种提供了生存环境，享有“地球之肾”的美誉。全球气候变暖不仅会影响生存在湿地的动植物，也会影响栖息在地球其他区域的动植物。一些专家认为大规模的物种灭绝将是气候变化带来的影响中最为灾难性的结果，并预测到 2050 年大约有 100 多万种物种将会灭绝。另外，随着二氧化碳浓度的不断提高，海洋也将不断酸化，将会严重影响海洋生物最底层食物链。海水酸化对于所有海洋生物都是灭顶之灾。然而，全球气候变化对湖泊 / 湿地、生物多样性、海洋酸化的影响只是其影响的冰山一角，气候变化的影响已渗透到地球的大气系统、生物系统、水系统等多个生态系统。

近20年来，呼伦贝尔大草原平均气温总体呈上升趋势，年降水量呈明显下降趋势，气候正在向暖干化趋势发展，干旱化效应加剧。自2000年起，伊敏河和乌尔逊河已经连续几年冬季断流，出现“连底冻”现象。呼伦湖湿地及周边地区处于不良生态机制，水位下降，蓄水量剧减，湖面大量萎缩。随着湖水水位的下降，湖边大面积芦苇和湿地消失，部分湖底裸露，表面覆盖松散沙砾已经成为沙源，并在大风的作用下向外扩展，湿地及周围草场退化年速率达1.35%，周边沙漠面积已超过100平方公里。

应对：不是别人要求中国做，而是中国主动做

地球作为人类的共同家园，每个人都有责任保护它。新时代的中国在实现经济腾飞的同时，也消耗了大量的化石能源并排放出巨额的二氧化碳。中国作为世界上最大的发展中国家，积极主动地承担应对气候变化的国际责任，摸索出了具有中国特色的“顶层设计”+“摸着石头过河”的应对气候变化国家治理体系，并且在“一带一路”和“南南合作”等国际框架下鼓励和帮助了许多发展中国家应对气候变化，彰显了中国负责任大国的形象，使中国正在成为气候变化全球治理的积极参与者、贡献者和引领者。

顶层设计：中国应对气候变化的国家战略

顶层设计可以理解为中央政府从国家层面对国家目标和战略进行统筹规划。中国应对气候变化的顶层设计包含了以“减缓气候变化”和“适应气候变化”为主题的国家战略目标及相应政策。

在减缓气候变化领域，中国制定了宏伟的减排目标。在《中美气候变化联合声明》中，中国宣布计划在 2030 年左右二氧化碳排放达到峰值并将努力早日达峰，并且计划到 2030 年非化石能源占一次能源消费比重将提高到 20% 左右。在适应气候变化领域，中国在《中国适应气候变化国家战略》和《国家应对气候变化规划（2014–2020 年）》中提出一系列具体的适应气候变化目标，比如：到 2020 年，农作物重大病虫害统防统治率达到 50% 以上，森林火灾受害率控制在 1‰以下，自然湿地有效保护率达到 60% 以上，沿海脆弱地区和低洼地带适应能力明显改善，重点城市城区及其他重点地区防洪除涝抗旱能力显著增强；科学防范和应对极端天气与气候灾害能力显著提升，预测预警和防灾减灾体系逐步完善等。

摸着石头过河：应对气候变化的地方实践

所谓摸着石头过河，是由于没有前人经验，中国先采用地方试点实践的方式，对某些创新制度进行先行先试，待到积累了成功经验再将其制度大范围推广的过程。中国应对气候变化的地方实践也生动地体现了这一“自下而上”模式对国家顶层设计的重要补充作用。中国的深圳和重庆在应对气候变化方面，依据自身地域特点，都形成各自具有创新性的方案，成为其他城市学习的典范。

深圳是一座年轻的城市，40 年前它还只是一个仅有 3 万人的边陲农业县；40 年后，深圳已经成为人口超过 1300 万、GDP 总量突破 2.4 万亿的亚洲第五大城市，成为粤港澳大湾区的核心引擎。在多年发展中，深圳创造了无数个“第一”，例如，深圳是中国单位面积经济产出最高的城市，是创新创业能力最强的城市，也是万元 GDP 水耗、能耗和碳排放强度最低的大城市，更是中国空气质量最好的特大城市之一。可以看出，深圳在实现经济与生态共赢的背后必然有着许多值得借鉴和参考的经验，那么深圳市究竟采取了哪些行动措施从而实现了以上的成就呢?

深圳市政府对实现绿色低碳发展极为重视，积极申请成为国家低碳试点城市，努力把绿色低碳的理念以各种形式融入城市发展的各个领域。比如，深圳充分利用了其具有的“特区立法权”，率先出台了一系列地方性法规和政府规章，以较快的速度形成了一套促进低碳发展的法律体系，对实施低碳发展起到了法治层面的“兜底”作用。此外，针对工业和交通这类的碳排放“大户”，深圳建立了全国首个工业、交通碳排放管理体系，这一举措直接牵住了行业碳排放控制的“牛鼻子”。以上典型措施成效斐然，在2018年，深圳市的单位GDP能耗下降了4.2%，“十三五”以来累计下降12.1%。

深圳市以创新立足，以创新发展，始终坚持培育高新技术产业。2018年，深圳市战略性新兴产业（新一代信息技术、互联网、生物医药、新能源、新材料等）的增加值达到了惊人的9155.18亿元，占GDP比重超过37.8%。在实现经济快速增长的同时，也使得全市碳排放强度下降了1/5左右。此外，深圳市还鼓励服务业围绕“提升经济发展质量”和“有效降低碳排放水平”两大目标进行发展，使得深圳市产业结构更加向低碳化发展。

为使全市能源清洁化、便利化，深圳市不断拓展天然气资源供应渠道，2018年底，深圳市已建成城市天然气门站4座，天然气管道近6000公里，年供气能力超过1500万吨，同时全面完成了燃油发电机组的“油改气”工程。在电源结构方面，核电、气电等清洁电源装机占深圳市电源总装机容量比重达到87%，比全国平均水平37%高出了50个百分点。而且，深圳市还在大力发展生物质能，已建成垃圾焚烧发电厂 6 座，垃圾焚烧处理能力达到 7400 吨 / 日。

同时，深圳市积极培育创新研发机构，累计新建节能环保低碳领域工程实验室、重点实验室、公共技术服务平台等各类研发平台 236 个。这一举措使得深圳市近年来的创新成果不断涌现，其节能环保低碳领域科技成果占全市科技成果登记总量达到 13%。例如，中广核集团已成为全球最大的核电建造商，形成具有完全自主知识产权的“华龙一号”第三代核电技术，大亚湾核电基地安全运行指标达到了国际领先水平。深圳能源集团的垃圾焚烧发电设计及建设能力也在全国处于领先地位。

深圳市不断提升其公共交通管理水平和运行效率，建设了富有竞争力的公共交通体系，建成和在建轨道交通里程 560.8 公里，运营里程达 286 公里。除此以外，深圳市累计推广新能源汽车使用超过了 22 万辆，其公交大巴、出租车实现 100% 电动化。另外，其新建民用建筑 100% 执行了绿色建筑标准。截至 2018 年底，新增绿色建筑面积达 1600 万平方米，绿色建筑面积累计超过 8900 万平方米，绿色建筑规模位居全国大城市前列。

近年来，深圳市多次在联合国气候变化大会等国际重要会议上介绍了它的绿色低碳发展成效和碳排放权交易经验。并率先加入了 C40 城市气候领导联盟，两次获得 C40 气候领导联盟城市奖。还与美国、英国、荷兰、比利时等国签署了低碳城市建设合作协议，与世界银行、全球环境基金、世界自然基金会合作专项开展了大量的绿色低碳发展专题研究。

重庆市位于中国内陆西南部、长江上游，四川盆地东部边缘，地势由南北向长江河谷逐级降低。辖区面积 8.24 万平方公里，南北长 450 公里，东西宽 470 公里。常住人口 3101.79 万人。从辖区面积、所辖人口、发展阶段、经济结构看，重庆可以说是中国基本国情的一个缩影。近年来，重庆市在应对气候变化领域进行了许多探索。首先，重庆市积极调整能源结构，在控制能源消费总量的同时，提高清洁能源和非化石能源的比重，降低煤炭等高污染、高排放能源的消费。重庆市在大力开发页岩气的同时，还积极发展水电、风电、生物质能、浅层热能等非化石能源。截至 2018 年，重庆市非化石能源消费比重已上升到 14.1%。与此同时，重庆市瞄准发展科技水平高和排放强度低的战略性新兴制造业和新兴服务业。对于传统高耗能行业，重庆市给出的药方是“智能化、绿色化和去产能”，迫使高耗能行业不得不提高研发水平、降本增效和转型升级。

重庆市还通过不断加大公共交通建设、推广新能源车辆和公交车辆、制定建筑强制节能标准、提高绿色建筑比例、进行旧城区建筑节能改造等举措，使城镇化进程更低碳。重庆也是中国首批碳排放权交易试点城市，构建了碳市场制度的基本框架，发布了如《重庆市碳排放权交易管理暂行办法》等一系列政策体系；建设了碳交易平台，形成了碳排放报告系统、碳排放申报系统、碳排放权注册登记系统和碳排放权交易系统四大功能平台；采取疏堵结合的手段，调动市场主体交易的积极性。自 2014 年 6 月开市交易以来，重庆市已完成 4 个年度的履约，累计成交量 890 万吨，累计成交额 3051 万元。

重庆市非常重视低碳技术的推广应用，准备了专项资金帮助新能源汽车、风电等 100 多项低碳技术的普及和应用，并大力推广煤炭、电力、钢铁、有色、化工等行业的重点节能技术产品。在农业领域，实施大中型灌区配套改造与节水灌溉工程，提高农业灌溉用水有效利用系数；提高农业防灾减灾能力，近年来的自然灾害和生物灾害面积、灾害频次、灾害程度比以往明显减轻。在水资源利用领域，建设大量水利基础设施，防汛抗旱和应急供水能力不断增强。在自然生态系统保护领域，加强自然保护区管理、湿地系统保护、水土流失治理和岩溶地区石漠化治

低碳理念的普及

2012 年 7 月 18 日，中国杭州低碳科技馆正式开馆，成为全球第一家以低碳为主题的大型科技馆。杭州低碳科技馆以“低碳生活，人类必将选择的未来”为主题，以低碳为主线，设置了“碳的循环”“低碳城市”“全球变暖”“低碳科技”“低碳生活”“低碳未来”“儿童天地”等七个常设展厅，巨幕和球幕两座特种影院，一个临时展厅和学术报告厅，以及多个科普实验室。数年间，杭州低碳科技馆不仅向数百万计的社会公众普及了低碳意识，还为在杭州举办的各类国际活动的低碳理念传播中发挥了重要作用，例如，举办了“一带一路”沿线国家研究班、“南南合作”国家气候变化与绿色低碳发展培训班等团体的参观接待活动。

理，遏制了自然生态系统的恶化。在卫生健康领域，重庆市建设了与气候变化相关的职业病救治设施体系，而且对气候变化对人体健康影响进行监测预警。

重庆市政府成立了以市长为组长，市级有关部门和单位主要领导为成员的应对气候变化领导小组，并设立了领导小组办公室，建立了应对气候变化基础统计与调查制度，编制了市级温室气体排放清单。此外，重庆市还十分重视应对气候变化国际交流合作，先后与联合国开发计划署（UNDP）、英国驻重庆总领事馆、世界银行、英国碳信知咨询公司（Carbon Trust）、国际排放交易协会（IETA）等国际组织或公司在应对气候变化领域开展广泛交流合作，并积极争取各类资金支持。

应对气候变化国际合作的“中国声音”

气候变化是世界各国的共同责任，中国政府始终秉着高度负责任的态度，积极参与气候变化国际合作，发挥了积极且有建设性的作用。近年来，尽管应对气候变化的多边合作中面临着许多不确定性，但中国仍以坚定的信心表明将会继续推动全球气候治理。这一举动向世界展现了中国负责任的大国形象，在全球气候治理体系中有了响亮的“中国声音”。

自 1988 年政府间气候变化专门委员会成立以来，国际社会针对气候变化问题陆续召开了多次重要会议并达成了诸多协议。比如，1997 年 12 月在日本京都举行的《联合国气候变化框架公约》第三次缔约方大会上，达成了《京都议定书》条约；2008 年在波兰举行的大会上，各国通过了“巴厘岛路线图”；2009 年哥本哈根会议达成了《哥本哈根协议》；2015 年巴黎气候大会达成了《巴黎协定》等。

多年来，中国政府一直广泛参与了以上重要气候变化国际谈判，有效地促成了各类协议的达成。2015 年达成的《巴黎协定》是新的国际气候谈判格局下达成的重要协议，而中国便是促进该协定达成的最重要的推动者和促成者之一。此后，中国还积极参与了该协定的后续谈判。正如习近平主席在 2017 年世界经济论坛讲话中指出的：“巴黎协定符合全球发展大方向，成果来之不易，应当共同坚守，不能轻言放弃，这是我们对子孙后代必须担负的责任。”

《巴黎协定》就 21 世纪末控制全球地表温升不超过工业化前 2℃达成一致，并建立包括以国家自主决定贡献为核心的一系列减排机制，以保障 2℃目标的落实。全球 2℃温升目标能否实现取决于能否将其落实为各国具体减排目标。巴黎气候大会前后，各国依据自身国情，积极主动提

共同但有区别的责任

各国经济发展水平、历史责任和当前人均排放的情况千差万别，要达成共识，就要分析问题的缘由和实质——“历史上和目前全球温室气体排放的最大部分源自发达国家”。据科学测算，主要温室气体二氧化碳一旦排放到大气中，短则50年，最长约200年不会消失。也就是说，目前大气中残存的二氧化碳主要是由西方国家的工业化进程带来的，而不是当前发展中国家的排放带来的。发展中国家不应该为发达国家过去的排放造成今日的气候问题“买单”。

中国外交部气候变化谈判前特别代表于庆泰大使的一段精彩论述，鲜明地代表了中国的立场：“温室气体排放不能只看当前，不看历史；不能只看总量，不看人均；不能只看生产，不看消费。在经济社会发展、提高生活水平方面，我们不可能接受中国人只享有发达国家1/3、1/4甚至1/5权利的想法。”在气候变化问题上，各国坚持“共同但有区别的责任”，应该是一个基本前提。

交和批准了NDCs，针对2020年后减缓和适应气候变化做出承诺。但各国家/地区所提NDC能否确保实现全球2℃温升目标以及各国减排承诺的力度是否合理，仍是《巴黎协定》后讨论的热点。

中国就2020年后应对气候变化行动提出实事求是、全面有力的“国家自主贡献”，提出到2030年单位国内生产总值二氧化碳排放比2005年下降60%–65%、非化石能源占一次能源消费比重达到20%左右、森林蓄积量比2005年增加45亿立方米、二氧化碳排放2030年左右达到峰值并争取早日实现。行动目标兼顾减缓和适应，涵盖控制排放、发展清洁能源、植树造林等多领域。中国还明确提出从当前到2020年、2030年及以后的行动路线图，为落实“贡献”目标规划了详细的政策措施和实施路径。

“南南合作”是指发展中国家间的经济技术合作（“南”的含义是指发展中国家的地理位置大多位于南半球和北半球的南部分）。中国作为发展中的大国，不仅时刻承担着自身的减排任务，还主动肩负起了帮助其他发展中国家应对气候变化的重任。

目前，中国在通过开展减缓和适应气候变化项目、赠送节能低碳物资和监测预警设备、组织应对气候变化南南合作培训班等多种方式，帮助着其他发展中国家提高应对气候变化能力。截至 2018 年 4 月，国家发改委已与 30 个发展中国家签署合作的谅解备忘录，向对方赠送了遥感微小卫星、节能灯具、户用太阳能发电系统等应对气候变化物资设备。此外，中国还举办多期应对气候变化南南合作培训班，为发展中国家提供数百个应对气候变化培训名额。

2017 年，首届“一带一路”国际合作高峰论坛期间举办了气候变化培训班。商务部通过实施技术援助、提供物资和现汇等方式累计援助了 80 多个发展中国家，涉及清洁能源、低碳示范、农业抗旱技术、水资源利用和管理、粮食种植、智能电网、绿色港口、水土保持、紧急救灾等领域。2011 年以来，中国政府已累计安排 7 亿元人民币(约 1 亿美元)，通过开展节能低碳项目、组织能力建设活动等帮助其他发展中国家应对气候变化。

成效：从被动的跟随者到全球秩序的关键塑造者

气候变化对中国和全球的社会经济发展和自然生态都带来了严重的负面影响。为了应对气候变化，中国与其他国家一样都制定了相应的应对气候变化的措施，那么中国应对气候变化所制定的相关政策战略，以及推广实行的各种措施都有着怎样的效果？这里将分别从中国减少温室气体排放、适应气候变化和气候变化相关能力建设三个方面，讲述中国在应对气候变化领域所取得的成效。

温室气体减排成效显著

透过一组数据，我们可以清晰地看出，中国温室气体减排效果十分明显。比如，2017年中国单位国内生产总值（GDP）二氧化碳排放（以下简称碳强度）比2005年下降约46%，已超过2020年碳强度下降40%–45%的目标，碳排放快速增长的局面得到初步扭转。2017年，中国服务业的发展速度持续加快，对经济增长贡献率达到58.8%，众所周知，服务业相较于作为耗能大户的第二产业，具有更低的碳排放强度，这标志着中国产业结构逐步优化升级，物质财富积累更加绿色化。此外，煤炭、钢铁行业去产能成果丰硕，2017年，煤炭、钢铁行业圆满完成全年化解过剩产能目标任务，其中化解钢铁过剩产能超过5500万吨，化解煤炭过剩产能2.5亿吨，淘汰停建缓建煤电项目共计超过6500万千瓦。根据相关研究报道，中国很有可能提前完成之前做出的2030年左右实现碳排放达峰的目标承诺。

适应气候变化领域

近年来，中国在许多需要应对气候变化的关键领域在努力提升其适应能力。比如，在农业领域，各省（区、市）完成县级精细化农业气候区划3297项、主要农业气象灾害风险区划4563项，为农业气象灾害风险管理提供支撑。在水资源领域，加快推进高效节水灌溉工程建设，全国高效节水灌溉面积达到3.1亿亩。在林业和生态系统方面，2017年中央预算内安排投资14.8亿元，财政补助约6亿元，加强森林防火基础设施建设；2017年，国家投入草原生态保护资金187.6亿元，落实草原禁牧面积12.06亿亩，草畜平衡面积26.05亿亩。截至2017年底，林业部门已建立各级各类自然保护区2249处，总面积12613万公顷，约占陆地国土面13.14%。在气象领域，加强城市防涝，为83个城市排水防涝设计开展了暴雨强度公式编制或者暴雨雨型设计。加强气象保障能力建设，编制完成2016年度《全国生态气象公报》。在防灾减灾救灾领域，有效防御江河洪水，加强预测预报预警，及时向社会公众发布洪水预警755次，启动应急响应27次，派出420多个工作组赴水旱灾害一线，支持地方做好抗洪抢险和抗旱减灾工作。2017年，国家减灾委员会、民政部共启动国家救灾应急响应17次，紧急调拨近3万顶救灾帐篷、11.6万床（件）衣被、3.1万条睡袋、6.9万张折叠床等中央救灾物资，帮助地方做好受灾群众基本生活保障工作。

气候变化能力建设领域

中国应对气候变化的基础设施建设大幅增加。面对水利建设中应对气候变化的薄弱环节，自2017年以来，中国累计完成水土流失综合治理面积 2.4 万平方公里，建成生态清洁小流域 600 条。此外，中国的防火能力也有了很大的加强，全国县级以上草原防火机构达到了 1148 个，应急队伍有 7000 余支，专兼职扑火人员达 19 万余人，年均出动火灾隐患排查人员近 2 万人次，火灾 24 小时扑灭率保持在 95% 以上。

近年来，中国应对气候变化的科学研究水平提升的幅度很大。如今，中国已经建立了异常大风、降水对中国近海生态环境影响的预评估系统，以及示范海湾的决策支持系统等。

新时代：气候治理的新机遇和未来

国际环境诡谲

当前，许多国家的国内政策和外交政策都发生了巨大的变化，尤其是西方发达国家。由于国际政治环境的改变，使得国际气候谈判的进程拖后，尤其是美国政府宣布退出巴黎协定，对国际应对气候变化产生了严重的负面影响，使得国际社会有效应对气候变化的窗口期也逐渐收紧。与此同时，2013 年以来，中国的对外政策也在发生着重要的变化，在习近平主席的领导下，中国作为一个负责任的大国，积极参与国际规则的制定，并帮助塑造国际秩序。在中国相当成功的经贸外交经验的基础上，气候变化是其参与全球治理最有潜力的领域之一。中国能够也应该通过边做边学成为重要的全球秩序塑造者，而不再是被动的跟随者。

经济转型

自1978年改革开放以来，中国的经济发展一直是粗犷型的发展模式，即通过投入大量的生产资料来保障经济的快速增长。在这一发展模式下，使得中国消费了大量的化石能源，也使得温室气体排放量跃居世界第一。然而，近年来，中国经济步入“新常态”，原有的粗犷型的发展模式难以为继，中国经济的转型迫在眉睫。在经济新常态下，经济结构将不断优化升级，经济发展也将从要素和投资驱动转为创新驱动，经济发展模式逐渐转为精细化的发展模式。在这一转型过程中，中国的能效将不断提高，对化石能源的需求量也将逐渐降低。经济的转型将很好的帮助中国实现温室气体排放的控制和减排。

中国共产党第十九次全国人民代表大会指出，中国积极引导应对气候变化国际合作，已成为全球生态文明建设的参与者、贡献者、引领者，未来将继续积极参与全球环境治理，落实减排承诺。为了更好满足人民日益增长的美好生活需要，以及人民对美丽中国的诉求，在2018年的政府机构改革中，组建了生态环境部，并将应对气候变化的管理职能从国家发展改革委转至生态环境部，这为中国政府提高应对气候变化领导力，为更好地实现温室气体减排提供了有力的保障。

中国经济新常态

国家主席习近平第一次提及“新常态”是在2014年5月考察河南的行程中。当时，他说：“中国发展仍处于重要战略机遇期，我们要增强信心，从当前中国经济发展的阶段性特征出发，适应新常态，保持战略上的平常心态。”

“新常态”的“新”就是“有异于旧质”；“常态”就是时常发生的状态。新常态就是不同以往的、相对稳定的状态。这是一种趋势性、不可逆的发展状态，意味着中国经济已进入一个与过去30多年高速增长期不同的新阶段。

协同治理

近年来，空气污染已成为中国民众最关心的议题。社会公众对环境污染问题的强烈关注，也激发了中国政府解决环境污染问题的决心。在空气污染治理方面，中国政府提出了“打赢蓝天保卫战”等一系列口号，并采取了不同治污手段。然而大气污染物和温室气体均主要来自于化石能源的燃烧，由此可见，大气污染物的排放和温室气体的排放具有同源性，在减少大气污染排放的基础上也能够实现温室气体的减排。因此，我们要搭上大气污染物治理的便车，综合审视现有的温室气体减排政策和路径，以最小的成本实现大气污染物和温室气体的双减排。

2013年，中国政府提出“一带一路”倡议，也就是建设“新丝绸之路经济带”和“21世纪海上丝绸之路”，目的是通过沿线各国的共同努力，建设一个共同繁荣的世界。但追求共同富裕的“一带一路”，也是一条绿色之路。过去几年，中国与沿线国家一直在不断地提升生态环境保护的地位，为建设绿色繁荣的世界作出了很大的贡献。通过促进绿色丝绸之路的建设，中国已经成为世界生态文明建设的参与者、贡献者和引领者。

第六章

绿色『一带一路』：共建绿色繁荣世界

从“走出去”到追求共同繁荣

跨国之间的贸易和交流已有数千年的历史。早在公元前100多年，以中国古代都城长安为起点、以欧洲罗马为终点的丝绸之路，就已成为亚洲和地中海各国开展贸易、文化和技术交流的通道。而随着科技的进步，尤其是交通工具的创新和通信技术的发展，开展国际交流的便利性得到进一步增强。20世纪90年代，“地球村”的概念开始出现，被用来描述全球范围内国家、企业、公民社会和个人之间互动日益增加，联系愈加紧密的过程。各国之间相互影响，给经济、政治、文化、生活方式、价值观念等多方面带来变化。

中国自实施改革开放战略以来，长期采取“引进来”

的发展策略，积极引进外资和先进技术，改造提升国内产业和企业管理水平。吸引外国直接投资从1978年的不足10亿美元增至2012年的1100多亿美元，仅次于美国，是全球第二大外国直接投资国。通过改革开放和“引进来”，在短短数十年时间内，中国成长为一个庞大的经济体，企业管理水平和市场竞争力不断提高，国家技术进步和产业升级加快推进，经济和社会基本实现了长足进步。

但随着经济增长，中国与世界的联系越来越紧密。实施单方面的“引进来”策略，既不能满足国内社会经济发展的需要，也不能满足世界对中国的需求。在此背景下，中国开始逐步调整对外战略，转向“引进来”和“走出去”并重的模式。1996年，时任国家主席江泽民在访问埃塞俄比亚等非洲六国时提出，非洲国家有广阔的市场和丰富的资源，要推动有实力的中国企业到非洲开展领域广泛、形式多样的互利合作。

“走出去”战略于2001年3月写入《中华人民共和国国民经济和社会发展第十个五年计划纲要》。自此，中国不仅打开国门引进外资和先进技术，还积极推动中国企业走出国门，进行海外投资和经济合作，开展跨国经营，全面利用经济全球化所带来的机遇。在随后的几年中，“走出去”的内容逐步丰富，对发展中国家的经济合作和投资

“中国”提出的走出去战略

《“十五”计划纲要》[1]指出，要“鼓励能够发挥中国比较优势的对外投资，扩大国际经济技术合作的领域、途径和方式。继续发展对外承包工程和劳务合作，鼓励有竞争优势的企业开展境外加工贸易，带动产品、服务和技术出口。支持到境外合作、开发国内短缺资源，促进国内产业结构调整和资源置换。鼓励企业利用国外智力资源，在境外设立研究开发机构和设计中心。支持有实力的企业跨国经营，实现国际化发展。”随着《“十五”计划纲要》的发布和实施，中国对外投资服务体系逐步完善，“走出去”战略的相关政策也进一步落实。

1 即《国民经济和社会发展第十个五年计划纲要》，2001 年 3 月 15 日第九届全国人民代表大会第四次会议上批准通过。

发展成为“走出去”战略的重要举措之一。

自“走出去”战略提出以来，中国步入了对外投资和经济合作快速增长的10年。中国对外直接投资年度流量在20世纪90年代期间一直在10亿–45亿美元之间的低位徘徊。2001年后，对外直接投资进入了持续快速增长期，2002–2005年期间对外直接投资流量的年均增长率高达65.6%；“十一五”期间，对外投资流量由2006年的176亿美元增至2010年的688亿美元。2010年，中国对外直接投资名列全球第五，仅次于美国、法国、德国和中国香港地区。

2008年国际金融危机爆发，尽管各国积极采取各种应对措施，但全球依旧长期处在深度调整过程当中。中国经济发展也从高速增长向中高速增长转型，同时面临巨大的产能过剩、贫富差距等社会经济问题，但中国成长为全球第二大经济体的经济发展成就是毋庸置疑的，综合实力与日俱增。在世界政治经济格局发生重大变化、“东升西降”的趋势越来越明显的背景下，在气候变暖、生物多样性等全球性问题愈加凸显的情况下，国际社会也对中国提出了更多地要求，要求中国承担更多地国际责任和义务。

在此背景下，中国必须重新站在人类共同发展的高度，重新思考自己的全球战略，将自身发展需求、国际责任义务有效地结合，促进中国和世界更大程度的互动和融合。中国单纯地以企业主导的“走出去”战略不再适应新时代的要求，该如何调整构成新的议题。

形势的变化首先引起战略思维的调整。2012 年党的十八大明确提出“要倡导人类命运共同体意识，在追求本国利益时兼顾他国合理关切”。“命运共同体”开始成为中国政府反复强调的关于人类社会的新理念。习近平就任总书记后首次会见外国人士就表示，国际社会日益成为一个你中有我、我中有你的“命运共同体”，面对世界经济的复杂形势和全球性问题，任何国家都不可能独善其身。

在“命运共同体”框架下，中国国家主席习近平在 2013 年 9 月和 10 月借用古代丝绸之路的历史符号，分别提出建设“新丝绸之路经济带”和“21 世纪海上丝绸之路”的合作倡议。这就是著名的“一带一路”倡议。它将充分依靠中国与有关国家既有的双多边机制，借助既有的、行之有效的区域合作平台，高举和平发展的旗帜，积极发展与沿线国家的经济合作伙伴关系，共同打造政治互信、经济融合、文化包容的利益共同体、命运共同体和责任共同体。

“一带一路”倡议是新时期中国对外经济合作的最高战略，是中国“走出去”战略的全面升级和发展。过去以国有企业投资、经济开发为主的走出去模式，将附加上社会责任、环境保护、文化价值观等更多内容，非政府组织

古代丝绸之路

丝绸之路是起始于古代中国，连接亚洲、非洲和欧洲的古代陆上商业贸易路线，最初的作用是运输古代中国出产的丝绸、瓷器等商品，后来成为东方与西方之间在经济、政治、文化等诸多方面进行交流的主要道路。1877年，德国地质地理学家李希霍芬在其著作《中国》一书中，把“从公元前114年至公元127年间，中国与中亚、中国与印度间以丝绸贸易为媒介的这条西域交通道路”命名为“丝绸之路”，这一名词很快被学术界和大众所接受，并正式运用。丝绸之路从运输方式上，主要分为陆上丝绸之路和海上丝绸之路。

也将参与其中，共同形成一个立体化的新型走出去模式。在很大程度上，“一带一路”倡议也是中国在吸取自身发展经验和教训的基础上，努力将成功经验注入全人类发展事业的探索。

绿色构成“一带一路”的底色

生态环境是人类生存和发展的根基。人类只有一个地球，必须从全球利益出发，树立可持续发展理念，走绿色发展道路。中国国家主席习近平曾指出：“生态兴则文明兴，生态衰则文明衰……霍金先生提出关于‘平行宇宙’的猜想，希望在地球之外找到第二个人类得以安身立命的星球。这个愿望什么时候才能实现还是个未知数。到目前为止，地球是人类唯一赖以生存的家园，珍爱和呵护地球是人类的唯一选择。”

绿色发展是“一带一路”建设中不可或缺的内容。2012 年，中国政府决心推动生态文明建设；2013 年，中国

生态环境变化影响人类生存

四大文明古国（古代埃及、古代巴比伦、古代印度、古代中国）均发源于水资源丰沛、森林茂盛、土壤肥沃的地区。而生态环境退化则会在很大程度上直接影响文明兴衰演替，古代埃及、古代巴比伦文明的衰落与土地荒漠化紧密相关。中国古代一度辉煌的楼兰文明，曾经是一块水草丰美之地，现已消失。

中国人口分布格局中存在的“胡焕庸线”也是人类发展高度依赖生态环境的典型例子。地理学家胡焕庸于1935年在《论中国人口之分布》中发现，中国分为东南和西北人口疏密悬殊的两部分，东南半部人口密度较大，以占国土36%的面积集中了全国96%的人口；西北半部人口稀少，占国土64%的面积上，其人口仅占全国的4%。其根本原因在于东南半部水资源丰富、土地肥沃，而西北部自然环境非常恶劣。

政府在提出“一带一路”倡议之初，就表明，“我们在投资和贸易中应该鼓励生态文明理念，加强在保护环境、保护生物多样性、应对气候变化等领域的合作，携手使丝绸之路成为环境友好型的道路”。在 2018 年 9 月举办的中非合作论坛北京峰会上，中国国家主席习近平指出：“我们要通过这个国际合作新平台，增添共同发展新动力，把‘一带一路’建设成为……绿色之路。”当前，绿色发展已经成为“一带一路”的重点议程之一，并将发挥更加重要的作用。

目前，“一带一路”沿线多为发展中国家和新兴经济体。从其发展阶段看，处在工业化、城市化快速发展阶段，从而带来较大的资源环境压力；从其自身的生态环境状况看，这些地区生态环境先天较为脆弱、敏感，问题突出，普遍面临气候变暖、水资源危机、沙漠化、自然灾害等重大资源环境风险。在此背景下，只有共同推进绿色“一带一路”建设，才能有效防范和化解各种生态环境风险和资源挑战。

中国政府在推动“一带一路”的绿色发展方面，有着天然的优势。早上世纪 80 年代，中国参与了著名的报告《我们共同的未来》的起草和讨论工作，是最早提出和实践可持续发展战略的国家之一。中国政府早在 1983 年就把环境保护确定为基本国策，并于1992年签署了《里约环境与发展宣言》和《21世纪议程》。1994年，中国率先发布了第一个国家级的21世纪议程——《中国21世纪议程——中国21世纪人口、环境与发展白皮书》。1996年，可持续发展又被正式确定为国家的基本发展战略之一，可持续发展开始从科学共识转变为政府工作的重要内容和具体行动，并从制度建设、政策措施、组织管理、资源节约和环境保护工程，以及绿色低碳试点等多个领域开展了卓有成效的工作。

中国坚持用最严格的制度、最严密的法治保护生态环境。中国很早就开始探索绿色GDP核算相关探索工作。早在2006年，国家环保总局和国家统计局联合发布了《中国绿色国民经济核算研究报告2004》，这是中国第一份经环境污染调整的GDP核算研究报告。2016年，中共中央办公厅、国务院办公厅发布《生态文明建设目标评价考核办法》，用于评价地方政府开展生态文明建设的成效。

中国绿色发展的成绩也是非凡的。过去10年，中国在清洁技术制造方面取得了巨大成功，从产能上中国已经走在了前列。中国风电装机规模已达世界第一，风力发电占全球总量的三分之一，全球新能源汽车的销量有一半来自中国，全球生产的太阳能板有60%来自中国。除此之外，中国研发水平正在和世界发达国家缩小差距，一些技术甚至已经处于世界领先。中电控股有限公司首席执行官包立贤先生评价说："整体来说，中国在清洁能源方面的投资为世界其他国家带来了益处。目前清洁能源技术本土化的战略、标准化的设计、大规模生产使得这些技术的成本下降。例如，风机的价格，在最近几年下降了 20%。"当然，中国的成就不仅反映在数字上，其取得的成果是综合性的。这些成果和经验包括从各级领导干部到普通公众的节能环保意识得到显著的提高；选择优先领域采取具体的行动；奉行"从实践中学习"的原则和多部门多角度的试点（循环经济、生态工业园、低碳试点、可持续发展实验区等）；落后产能被加速淘汰，产业结构向清洁化转变；开展大规模生态保护工程等。

因此，绿色"一带一路"建设，是中国把自身的成功经验，奉献给世界的解决方案。绿色丝绸之路建设还有助于推动沿线国家加强生态环境保护、绿色发展方面的标准和技术创新合作。当前，绿色发展是中国重要的发展理念之一，中国国内各界都在发展中努力践行"绿水青山"就是"金山银山"的理念。中国将生态文明建设的重要理念和实践成果融入"一带一路"建设之中，同时也将"一带一路"建设融入全球生态环境保护和可持续发展事业之中，在工程项目、交流合作等领域体现绿色发展的理念，不但彰显了中国的国际道义责任，而且顺应了时代发展潮流。

国际社会的评价

联合国环境署代理执行主任乔伊斯·姆苏亚指出，“一带一路”沿线国家与国家组织将可持续发展理念放在核心位置，值得鼓励；在绿色发展方面，中国作出了积极探索，联合国环境署愿意共同推动绿色发展。亚美尼亚自然保护部部长认为，贫困是造成环境恶化的重要原因，而扶贫能在解决环境问题时带来重要作用，过去几年中国的精准扶贫与绿色发展相得益彰，也给沿线国家提供了启示。挪威前气候与环境大臣赫尔格森评价道：“我们非常认同中国的解决方案，不仅关乎环境也关乎经济发展，有极大的信心把中国方案推给全世界。”

建设绿色“一带一路”的举措

推进“一带一路”的绿色发展，首先需要与沿线各国形成共识，明确推进生态环境保护的重点。联合国环境规划署和中国政府签署了《关于建设绿色“一带一路”的谅解备忘录》，旨在打造绿色发展合作沟通平台，探讨“一带一路”对沿线国家实现2030可持续发展议程的机遇和挑战。

中国与“一带一路”沿线国家共同筹建“一带一路”绿色发展国际联盟。2019年4月25日，“一带一路”绿色发展国际联盟在京成立。联盟是线下实体合作平台，定位为一个开放、包容、自愿的国际合作网络，旨在进一步凝聚发展绿色经济的国际共识，促进“一带一路”参与国家落实联合国2030年可持续发展议程。目前已有80多家机构国家确定成为联盟的合作伙伴。

2030年可持续发展议程

2015年9月，世界各国领导人在一次具有历史意义的联合国峰会上通过了2030年可持续发展议程，该议程涵盖17个可持续发展目标，于2016年1月1日正式生效。可持续发展目标建立在千年发展目标所取得的成就之上，旨在进一步消除一切形式的贫穷。可持续发展目标认识到，在致力于消除贫穷的同时，需实施促进经济增长、满足教育、卫生、社会保护和就业机会等社会需求，并应对气候变化和环境保护的战略。这些新目标适用于所有国家，在接下来的15年内，各国将致力于消除一切形式的贫穷、实现平等和应对气候变化，同时强调不会落下任何一个人。

除了多边及之外，中国与30多个“一带一路”沿线国家签署了生态环境保护的合作协议。通过构建可持续发展的伙伴关系，“一带一路”建设将与联合国2030年可持续发展议程进行有效对接，将绿色、环保理念融入“一带一路”的各种工程项目中。

在寻求共识的同时，中国还发布制定了绿色“一带一路”建设的指导性文件，提出了绿色发展目标。2017年环境保护部、外交部、发展改革委、商务部联合发布了《关于推进绿色“一带一路”建设的指导意见》。指导意见提出，用3–5年时间，建成务实高效的生态环保合作交流体系、支撑与服务平台和产业技术合作基地，制定落实一系列生态环境风险防范政策和措施；用5–10年时间，建成较为完善的生态环保服务、支撑、保障体系，实施一批重要生态环保项目，并取得良好效果。中国还编制发布了《“一带一路”生态环境保护合作规划》。

作为支撑绿色“一带一路”建设的基础性工作，中国搭建了“一带一路”生态环保大数据服务平台，开展相关的能力建设。大数据服务平台是线上数据和知识共享平台，旨在借助大数据等先进信息技术，整合集成“一带一路”沿线国家的生态环境保护相关的政策法规标准、技术、产业发展等信息，并推动互联互通互用。中国还发布了《“一带一路”沿线重点国家生态环境状况报告》。目前，中国已建立气象、资源、环境、海洋、高分等地球观测系列卫星及应用系统，建立了“一带一路”参与国土地覆盖、植

“一带一路”生态环境保护合作目标

2017年，中国政府发布《“一带一路”生态环境保护合作规划》，提出到2025年，推进生态文明和绿色发展理念融入“一带一路”建设，夯实生态环保合作基础，形成生态环保合作良好格局；在铁路、电力等重点领域树立一批优质产能绿色品牌；到2030年，推动实现2030可持续发展议程环境目标，深化生态环保合作领域，全面提升生态环保合作水平；绿色“一带一路”建设惠及沿线国家，生态环保服务、支撑、保障能力全面提升，共建绿色、繁荣与友谊的“一带一路”。

被生长、农情、海洋环境等31个生态环境遥感数据库。

在能力建设方面，中国实施了“绿色丝绸之路使者计划”，已培训沿线国家2000人次。通过培训、研讨，帮助沿线国家提升生态环境管理和监管水平，尤其是一些发展中国家。

建设绿色丝绸之路，还需要督促中国相关企业履行社会和环境责任，实现绿色的“走出去”。中国在2016年担任二十国集团主席国期间，首次把绿色金融议题引入二十国集团议程，成立绿色金融研究小组，发布《二十国集团绿色金融综合报告》。2018年11月30日，中国金融学会绿色金融专业委员会与“伦敦金融城绿色金融倡议”共同发布了《“一带一路”绿色投资原则》，基本目的是推动“一带一路”投资的绿色化，确保“一带一路”的新投资项目兼具环境友好、气候适应和社会包容等属性。该原则从战略、运营和创新三个层面制定了七条原则性倡议，包括公司治理、战略制定、项目管理、对外沟通，以及绿色金融工具运用等，引起强烈反响。

据全球基础设施中心（GIH）估计，从2016年到2040年，全球的基础设施投资需求将近百万亿美元，这其中以“一带一路”沿线国家占据了大部分。考虑到基础设施建设和运行过程中的温室气体排放占比较高，且具有明显的“碳锁定效应”，因此开展绿色投资具有重大意义。《“一带一路”绿色投资原则》的发布，有助于投资者在项目建设和运营中需要更多考虑环境因素。

2016年12月，在环境保护部、发展改革委、商务部支持下，东盟中心、中国可持续发展工商理事会、全国工商业联合会环境服务业商会共同发起了《履行企业

企业对外投资的环境责任问题

“走出去”战略提出后，中国对外投资快速增长，越来越多的企业走出国门参与国际市场竞争。中国投资者为东道国带来的新的就业机会，推动了当地经济增长。但另一方面，中国投资者对东道国带来的负面环境和社会影响也引发了国际社会的广泛关注和争议。以苏丹麦洛维大坝、缅甸密松水电站、赞比亚中国铜矿企业、塞拉利昂伐木禁令为典型代表，其重大的环境与社会影响引发了大量争议和国际社会的关注与评论。

环境责任共建绿色“一带一路”》企业倡议，号召企业共同参与绿色“一带一路”建设，展示中国企业绿色形象。倡议第一批参与企业包括19家知名国企及优秀民企，涵盖能源、交通、制造业、环保产业等多个领域。这些举措有助于扭转中国企业过往在“走出去”时履行环境责任方面的不足。

除了发挥政府和企业的作用外，环保社会组织的参与是实现“一带一路”绿色发展不可或缺的内容。环保社会组织是推动绿色发展的重要力量，必须充分发挥社会组织的力量，有效推动绿色合作。2017年，环境保护部、民政部联合发出《关于加强对环保社会组织引导发展和规范管理的指导意见》，提出引导具有对外交往能力的环保社会组织积极“走出去”，参与国际合作交流，通过民间交往讲好中国环保故事。目前，已有诸多环保公益组织积极参与“一带一路”沿线国家的环保公益活动。

全球环境研究所推广社区协议保护机制

社区协议保护机制，是永续全球环境研究所（GEI）在过去的12年时间里，在中国示范、改进和创新的一种保护模式。其概念是指在某个需要保护的区域，通过利益相关双方或几方（政府、企业、当地社区或个人等）签署协议的形式，把保护权和有限开发权赋权给不同的利益相关方，解决保护方和居民从自然中取得经济利益冲突问题。

2015年，GEI与缅甸政府以及缅甸春天基金会合作，帮助缅甸开展可再生能源示范项目，项目地点选择在仰光—内比都高速公路中段的TBK村。在与村民进行交流了解当地用能需求，以及对中国适用技术产品研究后，GEI精心挑选了包括清洁炉灶、户用太阳能照明系统、太阳能水泵等在内的可再生能源产品捐赠给TBK村，并在开展社区薪柴林种植的同时，帮助TBK村成立专门的委员会，建立社区发展基金，通过村民缴纳使用费投入社区基金，用于后续设备维护及其他村发展项目。这一示范项目成功建立了可持续的、社区主导型示范模式。

迈向绿色繁荣的共同世界

位于斯里兰卡的科伦坡国际集装箱码头，是中国招商局国际有限公司和斯里兰卡港务局合作，共建“21 世纪海上丝绸之路”务实对接标杆性项目。项目完成后，烧油时产生的黑烟没了，工作过程中的噪音也大幅下降。这种变化主要得益于“油改电”的思路，港口实现了“绿色升级”。40 台龙门吊及 40 个集装箱堆场“油改电”改造，使得该港口成为南亚地区规模最大的绿色码头，油消和二氧化碳大幅度缩减。这仅仅是“一带一路”绿色繁荣的一个典型例子。

在促进繁荣发展方面，几年来，中国同 140 多个国家和地区及国际组织签署共建“一带一路”合作协议，取得了举世瞩目成就。在创造繁荣方面，2013 年以来中国与沿线国家货物进出口总额近 6 万亿美元，已建立 82 个境外经贸合作区，为当地创造了 24 万多个工作岗位。预期未来经济发展的贡献将更大。

“一带一路”的经济增长前景

英国经济与商业研究中心（Centre for Economics and Business Research，简称 CEBR）于 2018 年底发布世界经济预测研究报告数据以及联合国人口预测数据。基于此，通过对“一带一路”沿线 65 个国家未来中长期经济发展态势的分析，结果表明：未来 15 年（2018–2033 年），该地区的经济规模将以年均 4.8% 左右的速度增长，超过世界 2.9% 的年均增速。与此同时，该地区占世界 GDP 的比例将由 2018 年的 32.2% 上升到 2033 年的 42.4%。对同一时期世界经济增长的贡献达到 61%。

在绿色发展方面，5 年多来“一带一路”重点区域内生态环境问题显著减少，矿山环境治理与生态修复率从 50% 提高到 85% 以上；基础设施建设损毁的临时用地复垦率接近 100%。“一带一路”地区已经并且还将为维持全球生态系统稳定发挥重要作用。

全球的森林面积自 1990 年以来一直呈下降趋势，但是“一带一路”地区的森林面积、森林覆盖率以及森林蓄积量却呈现出持续增长态势。1990 年森林面积为 1396949 千公顷，已增加到 2016 年的 1437004 千公顷，年均增长 0.11%；森林覆盖率也由 1990 年的 27.7% 增加到 2016 年的 28.5%。而同期世界森林面积年均减少 0.13%。与此同时，该地区的活立木蓄积量（Growing Stock in Forest）也保持增长态势，由 1990 年的 136999 百万立方米增长到 2015 年的 145101 百万立方米。

中国参与者也越来越注重和严格执行当地的生态环境保护要求，并且发挥绿色发展的引领作用。这其中的典型例子是中国交付印度的一个燃煤电厂——古德罗尔燃煤电厂获得了印度的环境保护金奖和社会责任铂金奖。2015 年，中国正式交付印度“古德罗尔燃煤电厂”，使当年印度政府大幅降低了燃煤电厂的排放限值。这既反映中国企业在“走出去”时把环境保护作为重要取向，也反映近年来愈发严格的环境保护举措深入人心。

总之，中国正通过绿色“一带一路”建设，共筑清洁美丽梦想，与沿线国家一道守护绿水青山。没有良好的自然生态系统这个基础和前提，社会经济建设和发展将难以为继，繁荣的世界也就难以建成和维系。未来推进“一带一路”的绿色发展依旧任重道远，绿色丝绸之路建设需要持续的努力和共同进步。

中国未来会是怎样？中国政府提出了2035年基本实现社会主义现代化、2050年建成社会主义现代化强国的目标。在现代化建设中，资源和生态环境是极其重要的组成部分。一个现代化国家，必然是生态优美、环境良好的国家。

第七章

展望未来：通往美丽中国的道路

拥有一个愿景

一如既往的梦想

回想20世纪70年代末，那时候的人们谁也不曾想到在短短40年时间内，生活就发生了翻天覆地的变化。从现在开始展望2050年的中国乃至更久，中国的未来会是什么样？尽管不同机构对此有不同的看法，但中国人民一直抱有一如既往的梦想，即在新中国成立100年左右的时间，建成社会主义现代化国家。

实现社会主义现代化目标的提法，首次出现在1964年第三届全国人民代表大会的政府工作报告中，提出到20世纪末实现“工业、农业、国防与科学技术”的现代化。不久，中国遭遇“文化大革命”，经济建设一度停滞。中国改革开放后，各方面的发展重回正轨，1982年中国政府提出了建设“高度民主、高度文明的社会主义现代化国家”的目标。

1987年，中国共产党第十三次全国代表大会正式提出了中国推进社会主义现代化建设的长期目标，即“三步走战略”，第一步，到1990年实现国民生产总值比1980年翻一番，解决人民的温饱问题；第二步，到20世纪末国民生产总值再增长一倍，人民生活达到小康水平；第三步目标，到21世纪中叶基本实现现代化，把中国建设成为富强、民主、文明的社会主义现代化国家，到时人民生活比较富裕、基本实现现代化，人均国民生产总值达到中等发达国家水平。

2017年，中国共产党第十九次全国代表大会对社会主义现代化目标做了重大调整。首先是把在20世纪80年代提出的在21世纪中叶实现的基本现代化的时间提前到2035年。届时，经济实力、科技实力将大幅跃升，跻身创新型国家前列；人民平等参与、平等发展权利得到充分保障，法治国家、法治政府、法治社会基本建成，各方面制度更加完善，国家治理体系和治理能力现代化基本实现；社会文明程度达到新的高度，国家文化软实力显著增强，中华文化影响更加广泛深入；人民生活更为宽裕，中等收

“三步走战略”的发展脉络

“旧三步走战略”是在1987年提出的，是指分阶段地实现社会主义现代化目标。1997年中国共产党第十五次全国代表大会提出了新的“三步走战略”。第一步，21世纪第一个十年实现国民生产总值比2000年翻一番，使人民的小康生活更加宽裕；第二步，再经过十年的努力，到建党一百年时，使国民经济更加发展，各项制度更加完善；第三步，到21世纪中叶时，建成富强民主文明的社会主义国家。此后相当长时间内，中国政府都没有调整“三步走战略”，只是分别进一步明确了2020年全面建成小康社会的目标。如2002年提出到2020年全面建设惠及十几亿人口的更高水平的小康社会，使经济更加发展、民主更加健全、科教更加进步、文化更加繁荣、社会更加和谐、人民生活更加殷实。

最新的“三步走战略”是2017年中国共产党第十九次全国代表大会提出的。第一步，到2020年全面建成小康社会，基本消灭贫困；第二步，到2035年，基本实现社会主义现代化；第三步，到2050年把中国建成富强、民主、文明、和谐、美丽的社会主义现代化强国。

人群体比例明显提高，城乡区域发展差距和居民生活水平差距显著缩小，基本公共服务均等化基本实现，全体人民共同富裕迈出坚实步伐；现代社会治理格局基本形成，社会充满活力又和谐有序；生态环境根本好转，美丽中国目标基本实现。

在新的形势下，到了2050年，中国的目标不再是基本实现现代化，而是要建成富强、民主、文明、和谐、美丽的社会主义现代化强国的目标，届时物质文明、政治文明、精神文明、社会文明、生态文明将全面提升，实现国家治理体系和治理能力现代化，成为综合国力和国际影响力领先的国家，基本实现全体人民共同富裕，中国人民将享有更加幸福安康的生活，中华民族将以更加昂扬的姿态屹立于世界民族之林。

一些定量的展望

中国经济发展未来是几乎所有人都关心的话题，这其中重中之重是当前GDP排名第二的中国，何时能够超越美国。从已有研究看，尽管长期经济增长存在很多不确定因素，但多数研究认为中国的GDP将在未来10–20年，即在2030–2040年之间成为全球第一大经济体。到2050年，中国人均GDP与发达国家的差距将进一步缩小。

从数字看中国经济增速

随着中国经济达到中等偏上收入水平区间，经济增速将不再维系过去40年高达两位数的平均增速。美国农业部认为2026-2030期间中国年均增长率会下降到5%左右，到2030年中国国内生产总值接近美国。国际货币基金组织在其发布的对中国经济2018年度评估中指出，到2030年中国将成为全球第一大经济体。经济学人的预测则悲观，认为2021-2025期间增速就会降到5%以下，到2030年降到3.2%，因此中国超越美国的时间要延后。

人口规模和结构被认为是影响长期发展前景的一个关键因素。过去相当长时间内，中国享受人口规模带来的劳动力红利，但未来将面临较大的老龄化挑战。预期在不远的将来，中国有可能失去全球第一大人口国的地位，印度将超越中国。中国科学院可持续发展战略研究组的研究

全球人口老龄化问题

国际上有一个通用的指标，如果说65岁及以上的人口占比达到了7%，就是老龄化社会；如果达到14%叫老龄社会；再往上达到21%就是超老龄社会。现在老龄化最严重的国家是日本，日本65岁及以上的人口占比从5%到10%用了35年。第二名是意大利，意大利从5%到10%至少用了100年时间，时间非常长。而中国，65岁及以上的人口占比从5%到10%只用了30年，比日本还要短5年。未来中国将面临越来越严重的人口老龄化挑战。

（2014年）显示，中国人口规模大致在2030年前后将会达到峰值，此后为负增长；“单独二胎”政策对中国人口总量的影响不大。预期全面放开二胎政策能更好地改善劳动力的供给情况，中国人口在2030–2046年一直处于略有增长的高水平人口平台期，2046年出现人口峰值。

在城镇化和产业结构方面，中国改革开放后，越来越多的人转移到城市当中，城镇化率由1978年的17.9%提高到2017年末的58.5%，城镇常住人口由1978年的1.7亿增长到8.1亿人，城市数量由193个增加到657个。预计未来中国城镇化速度将会减慢，到2050年中国的城镇化率将会达到75%左右，大致相当于20世纪70年代美国的水平。未来第一产业[1]、第二产业[2]增速和比重持续小幅下降，第三产业[3]比重稳步上升，逐步成为经济发展的支柱产业，经济结构呈现出与高收入国家类似的特征。

总体而言，中国经济将持续增长，预期可能在2030–2040年之间成为全球第一大经济体。但与西方发达国家相比，中国经济社会发展水平总体上仍有相当大的差距。无论是参照人均GDP水平，还是城镇化率和产业结构情况，届时中国各项指标都与发达国家20世纪80年代的水平相当，有着将近半个世纪的发展差距。

1　指产品直接取自自然界的行业和部门。
2　指对初级产品进行再加工的行业和部门。
3　指为生产和消费提供各种服务的行业和部门。

追求一种美丽

“美丽”是现代化的重要特征。从国际经验看，任何一个现代化国家都拥有相对美好的人居环境、较为清洁的空气和干净的水资源。以德国为例，森林覆盖率在30%以上，所有城市的空气质量至少达到优良标准，自来水达到了直接饮用的标准。空气质量方面，2015年法国、德国、美国、日本、英国的PM2.5年均浓度为11.9、13.5、9.2、13.1、11.5微克/立方米，远低于中国平均水平。

显然，生态文明建设是人类社会发展始终需要面对的，现代化不能是污染的现代化，更不能是牺牲生态环境为代价的现代化。一个现代化国家，必然有着人与自然的和谐共处关系。然而，在早期，由于认识的局限性等问题，中国并没有很好地把生态文明建设纳入到现代化战略当中。

2020年可持续发展目标的设定

2007年，中国共产党的十七大报告明确提出到2020年，要基本形成节约能源资源和保护生态环境的产业结构、增长方式、消费模式。循环经济形成较大规模。主要污染物排放得到有效控制，生态环境质量明显改善。

2012年，中国共产党的十八大报告把生态文明建设纳入到社会主义总体事业布局，提出到2020年，资源节约型、环境友好型社会建设取得重大进展。单位国内生产总值能源消耗和二氧化碳排放大幅下降，主要污染物排放总量显著减少。森林覆盖率提高，生态系统稳定性增强，人居环境明显改善。

但在进入21世纪后，中国就紧紧地将可持续发展和生态环境保护作为中国社会主义现代化建设的重要目标。2002年，中国共产党的十六大报告提出到2020年，中国生态环境得到改善，资源利用效率显著提高，促进人与自然的和谐，推动整个社会走上生产发展、生活富裕、生态良好的文明发展道路；之后中国共产党的十七大报告、十八大报告又根据新的形势，更新调整了到2020年的目标。

2017年中国共产党召开第十九次全国代表大会，这次会议将中国发展目标展望至新中国成立100周年，提出到2035年，在中国基本实现现代化的情况下，生态环境根本好转，美丽中国目标基本实现；到2050年中国要建成富强、民主、文明、和谐、美丽的社会主义现代化强国。

因此，现在各界形成的基本共识是，中国要建设的现代化是人与自然和谐共生的现代化，既要创造更多物质财富和精神财富，以满足人民日益增长的美好生活需要，也要提供更多优质生态产品以满足人民日益增长的优美生态环境需要。未来，中国将坚持节约优先、保护优先、自然恢复为主的方针，还自然以宁静、和谐、美丽。

中国未来空气环境质量，必然是需要还老百姓蓝天白云、繁星闪烁。国家重要环境智库——生态环境部环

碧波荡漾的福州

福建省福州市内河曾经大量存在黑臭水体等污染问题，严重影响人民的日常生活。“7年前我刚从台江搬来时，都不愿下楼”，附近居民老林提到。近年来，福州市全力加大加快黑臭水体整治的力度，针对黑臭水体的罪魁祸首——沿岸企业排污，建立健全监测体系，加强群众监督和举报机制，到2017年底，城区43条内河基本消除黑臭。昔日脏乱臭的小流域如今碧波荡漾，已经成为周围百姓每天散步的好去处。

境规划院，预计到2035年中国的城市空气质量能全面达标，全国平均值有望基本达到世界卫生组织第二过渡阶段目标，即PM2.5浓度在25微克/立方米；珠三角、海西等地区有望达到世界卫生组织组织第三阶段标准，即PM2.5浓度在15微克/立方米；京津冀地区则要在2035年前达标。但预测也指出潜在的问题和挑战，认为虽然届时二氧化硫、颗粒物污染基本得到解决，但臭氧问题不容忽视。

中国未来的水环境质量，必然是需要还给老百姓清水绿岸、鱼翔浅底的景象。《水污染防治行动计划》[1]提出到2030年，中国七大重点流域水质优良比例总体达到75%以上，城市建成区黑臭水体总体得到消除，城市集中式饮用水水源水质达到或优于Ⅲ类比例总体为95%左右。2030年中国用水总量控制在7000亿立方米以内。中国政府还提出到2030年，海洋生态环境质量持续改善，海上突发事件应急处置能力显著增强。

中国未来土壤环境质量，必然是要让老百姓吃得放心、住得安心。《土壤污染防治行动计划》[2]提出到2030年，全国土壤环境质量稳中向好，农用地和建设用地土壤环境安全得到有效保障，土壤环境风险得到全面管控。到20世纪中叶，中国土壤环境质量将全面改善，生态系统实现良性循环。受污染耕地安全利用率达到95%以上，污染地块安全利用率达到95%以上。

中国未来的生态环境和人居环境，必然是为老百姓留住鸟语花香、田园风光。到2030年，中国森林蓄积量

1　简称“水十条”，是为切实加大水污染防治力度，保障国家水安全而制定的法规。2015年2月，中央政治局常务委员会会议审议通过《水十条》，2015年4月16日发布实施。

2　2016年5月28日，《土壤污染防治行动计划》由国务院印发，自2016年5月28日起实施。

数说生态保护建设目标

《全国国土规划纲要（2016 — 2030 年）》提出到 2030 年，主体功能区布局进一步完善，森林覆盖率要超过 24%，草原综合植被盖度达到 60%，湿地面积要达到 8.3 亿亩，国土开发强度不超过 4.62%，城镇空间控制在 11.67 万平方千米以内；国土综合整治全面推进，生产、生活和生态功能明显提升，耕地保有量保持在 18.25 亿亩以上，建成高标准农田 12 亿亩，新增治理水土流失面积 94 万平方千米以上。

比 2005 年增加 45 亿立方米左右。国家重要自然生态系统原真性、完整性得到有效保护，形成自然生态系统的新体制模式，保障国家生态安全，使人与自然和谐共生。《中共中央国务院关于实施乡村振兴战略的意见》[3] 还提出，到

3 2018 年 1 月 2 日，《中共中央国务院关于实施乡村振兴战略的意见》由中共中央、国务院发布，自 2018 年 1 月 2 日起实施。

2035 年农村生态环境根本好转，美丽宜居乡村基本实现。

中国未来的能源与温室气体排放，必然是立足于中国国情、符合世界潮流的低碳能源体系。中国政府提出到 2030 年，集约、绿色、低碳、循环的资源利用体系基本建成，资源节约集约利用水平显著提高，单位国内生产总值能耗大幅下降。中国将力争温室气体排放在 2030 年左右，尽早达到峰值，2030 年单位国内生产总值二氧化碳排放比 2005 年下降 60%–65%，非化石能源占一次能源消费比重达到 20% 左右。

寻找一条路径

从发达国家经验看，它们基本都是在工业化和城市化中后期，经济增长趋于稳定，启动了大范围和大规模的资源保护和环境污染治理，并通过技术升级、结构转型以及产业布局迁移，建立和实施严格的法律制度措施，逐步形成政府、企业、公众共治的治理结构，才逐步使各种能源资源的利用效率大幅度提高，能源资源消耗总量趋于稳定或者下降，污染物排放大幅度下降，实现了环境质量和生态状况的显著改善。因此，只要找到正确的道路，就能够有效实现人与自然和谐共处的现代化。

和谐共生，协调人与自然

马克思[1]指出,“自然界，就它自身不是人的身体而言，是人的无机的身体”；恩格斯[2]指出，“我们不要过分陶醉于我们对自然界的胜利。对于每一次这样的胜利，自然界都在对我们进行报复”。中国共产党将秉承马克思主义的自然观，深入挖掘中华传统文化中“天人合一”哲学思想，在现代化建设中坚持人与自然和谐共生的理念。

作为事关中华民族永续发展和“两个一百年”奋斗目标的实现，未来中国将把绿色发展和生态环境保护放在更加突出位置，坚决摒弃损害、甚至破坏生态环境的发展模式，摒弃以牺牲生态环境换取一时一地经济增长的做法，着力在全社会形成尊重自然、顺应自然、保护自然的风气，倡导环保意识、生态意识，让生态环保思想成为社会生活中的主流文化，推动形成人与自然和谐发展现代化建设新格局。

1　卡尔·马克思（1818年—1883年），马克思主义的创始人之一，德国的思想家、政治学家、哲学家、经济学家、革命理论家和社会学家。

2　弗里德里希·恩格斯（1820年—1895年），马克思主义创始人之一，德国思想家、哲学家、革命家、教育家，军事理论家，全世界无产阶级和劳动人民的伟大导师。

绿色发展，形成中国样板

“环境”与“发展”的关系并非一成不变。历史上看，两者通常会经历三个阶段的演化：第一个阶段是在经济发展过程中不考虑或者很少考虑环境的承载能力，一味索取资源；第二个阶段是既强调经济发展，又开始追求资源环境保护，此时发展和资源匮乏、环境恶化之间的矛盾开始凸显；第三个阶段是环境与发展双赢，生态优势变成经济优势，即所谓的绿色发展。就中国发展进度而言，中国已经到了要将生态优势变成经济优势的阶段。

未来，中国将加快建立绿色生产和消费的法律制度和政策导向，建立健全绿色低碳循环发展的经济体系。构建市场导向的绿色技术创新体系，发展绿色金融，壮大节能环保产业、清洁生产产业、清洁能源产业。推进能源生产和消费革命，构建清洁低碳、安全高效的能源体系。推进资源全面节约和循环利用，降低能耗、物耗，实现生产系统和生活系统循环链接，最终让良好生态环境成为经济社会持续健康发展的支撑点。积极探索实现生态产品价值的市场机制。

严格治理，保住美丽幸福

长期以来，加强生态文明建设、加强生态环境保护、提倡绿色低碳生活方式等仅仅被视为经济问题和发展问题。近些年，生态环境问题被提高至事关人民群众的切身利益、涉及中国共产党的使命宗旨的重大政治问题这一层面。从政治高度加强生态环境保护的趋势只会越来越强化。

未来，中国将在生态环保领域贯彻“执政为民”的理念，从切实解决人民群众关心的生态环境问题出发，加强生态环境保护。中国将坚持全民共治、源头防治，持续实施大气污染防治行动，打赢蓝天保卫战。加快水污染防治，实施流域环境和近岸海域综合治理。强化土壤污染管控和修复，加强农业面源污染防治，开展农村人居环境整治行动。加强固体废弃物和垃圾处置。提高污染排放标准，强化排污者责任，健全环保信用评价、信息强制性披露、严惩重罚等制度。

整体保护，守护绿水青山

中国改革开放以来，按照国土、林、水等资源种类形成了资源环境的专业化管理体系，但分散化管理体制弊端也越来越凸显，其中之一是割裂了生态系统的完整性，单纯按照土地、森林、河湖、湿地等资源种类由各部门分别实行用途管制、制定政策、安排项目和资金。

未来，中国将加强生态修复、建设和保护的系统整合，按照自然生态的整体性、系统性及其内在规律，统筹考虑自然生态各要素，坚持山上山下、地上地下、陆地海洋以及流域上下游等联动，进行整体保护、系统修复、综合治理。中国将优先实施重要生态系统保护和修复重大工程，优化生态安全屏障体系，构建生态廊道和生物多样性保护网络，提升生态系统质量和稳定性；完成生态保护红线、永久基本农田、城镇开发边界三条控制线划定工作；开展国土绿化行动，推进荒漠化、石漠化、水土流失综合治理，强化湿地保护和恢复，加强地质灾害防治；完善天然林保护制度，扩大退耕还林还草；严格保护耕地，扩大轮作休耕试点，健全耕地草原森林河流湖泊休养生息制度，建立市场化、多元化生态补偿机制。

法治先行，制度保护环境

制度建设是推进生态文明建设的重中之重，必须着力破解制约生态文明建设的体制机制障碍，把生态文明建设纳入法治化、制度化轨道。只有通过实行最严密的法治、最严格的制度，才能为生态文明建设提供可靠保障。依靠法治保护生态环境，增强全社会生态环境保护法治意识。

中国政府将加快制定和修改土壤污染防治、固体废物污染防治、长江生态环境保护、海洋环境保护、国家公

生态文明法治体系的优先任务

未来，中国将建立生态环境保护综合执法机关、公安机关、检察机关、审判机关信息共享、案情通报、案件移送制度，完善生态环境保护领域民事、行政公益诉讼制度，加大生态环境违法犯罪行为的制裁和惩处力度。加强涉及生态环境保护的司法力量建设。

园、湿地、生态环境监测、排污许可、资源综合利用、空间规划、碳排放权交易管理等方面的法律法规。鼓励地方在生态环境保护领域先于国家进行立法。中国还将加快构建政府主导、企业主体、社会与公众共同参与的生态环境治理体系，健全保障举措，增强系统性和完整性，大幅提升治理能力。

合作共赢，建设绿色世界

建设绿色家园是全人类的共同梦想。当前，全球正面临气候变暖、生物多样性丧失等全球性生态危机。只有通过团结协作，共商共建共享，开展广泛深入的国际合作，才能有效克服国际政治经济环境变动带来的不确定因素，保护好地球，建设人类命运共同体。中国将继续承担应尽的国际义务，同世界各国深入开展生态文明领域的交流合作，推动成果分享，携手共建生态良好的地球美好家园。中国继续履行向世界承诺的于2030年左右使二氧化碳排放达到峰值、2030全球可持续发展议程等目标。同时，通过“一带一路”建设等多边合作机制，互助合作开展造林绿化，共同改善环境，为维护全球生态安全作出应有贡献。

总之，生态兴则文明兴，生态衰则文明衰。工业文明带来了前所未有的物质财富，也导致难以弥补的生态破坏和环境问题。中国国家主席习近平指出，杀鸡取卵、竭泽而渔的发展方式走到了尽头，顺应自然、保护生态的绿色发展昭示着未来。[3] 一幅迷人的美丽中国画卷正在徐徐展开。

3　出自国家主席习近平的重要讲话：《共谋绿色生活，共建美丽家园》。2019年4月28日，国家主席习近平在北京延庆出席2019年中国北京世界园艺博览会开幕式，并发表此讲话。

后记

有关本书的调研工作由中国科学院科技战略咨询研究院、国家林草局林产工业规划设计院、全国工商联环境商会、福建省生态文明建设领导小组办公室承担。

参加起草和修改工作的有（以姓氏拼音为序）：陈叙图、范培培、顾佰和、黄宝荣、黄晨、苏利阳、谭显春、王毅、张丛林、朱开伟。王毅、苏利阳、陈叙图等同志负责统稿工作。本书写作过程中得到陈劭锋、邱士利、许金华等同志提出的诸多宝贵意见，在此致以诚挚的谢意。

图书在版编目（CIP）数据

绿色发展改变中国：如何看中国生态文明建设／王毅等著.—北京：外文出版社，2019.7
(如何看中国)
ISBN 978-7-119-12093-5
Ⅰ.①绿… Ⅱ.①王… Ⅲ.①生态环境建设－研究－中国 Ⅳ.①X321.2
中国版本图书馆CIP数据核字（2019）第153969号

出版指导：陆彩荣
出版统筹：徐　步　胡开敏

责任编辑：曹　芸
内文设计：一瓢文化・邱特聪
封面设计：北京红十月图文设计有限公司
印刷监制：章云天

绿色发展改变中国

如何看中国生态文明建设

王　毅　苏利阳　等　著

出 版 人：徐　步
出版发行：外文出版社有限责任公司
地　　址：北京市西城区百万庄大街24号　邮政编码：100037
网　　址：http://www.flp.com.cn　电子邮箱：flp@cipg.org.cn
电　　话：008610-68320579（总编室）　008610-68996158（编辑部）
　　　　　008610-68995852（发行部）　008610-68996183（投稿电话）
印　　刷：环球东方（北京）印务有限公司
经　　销：新华书店/外文书店
开　　本：889×1194mm　1/32
字　　数：140千
印　　张：6.5
版　　次：2020年5月第1版第2次印刷
书　　号：ISBN 978-7-119-12093-5
定　　价：45.00元